Was war vor dem Urknall? Wie wird sich das Universum entwickeln? Wird es auseinanderreißen? Oder sich zusammenziehen? Welche Rolle spielen dunkle Energie und dunkle Materie? Und welche die Schwarzen Löcher? Fragen, die Kosmologen immer aufs Neue beschäftigen, seit vor hundert Jahren die Big-Bang-Theorie entstand. Kaum eine lässt sich eindeutig beantworten, aber zu allen gibt es aufregende Forschung. Tony Rothman erklärt selbst eher abstrakte Themen gekonnt und verständlich, er ist ein Meister der Analogie. Ein Übersichtsbuch, geschrieben von einer Pulitzer-Preis-nominierten Physik-Koryphäe, das alles Wichtige darüber versammelt, was man über den Urknall und die Geschichte des Universums wissen muss.

«Dieses Buch mag klein wirken im Umfang, es ist aber, ganz ähnlich wie die TARDIS von Doctor Who, in seinem Innern sehr viel größer.» *BBC Sky at Night*

Tony Rothman, Jahrgang 1953, ist US-amerikanischer theoretischer Physiker und Sachbuchautor. Er promovierte 1981 an der University of Texas in Austin und arbeitete als Postdoktorant an den Universitäten Oxford, Moskau (Lomonossow), Harvard und Cape Town. Zuletzt lehrte er an der Princeton University. Innerhalb der Kosmologie, seinem Spezialgebiet, beschäftigte er sich vor allem mit den Eigenschaften Schwarzer Löcher und der Beobachtbarkeit masseloser Teilchen.

Tony Rothman

Ein kleines Buch über den Ursprung des Universums

Übersetzt von
Monika Niehaus und Bernd Schuh

Rowohlt Taschenbuch Verlag

Die englische Originalausgabe erschien 2022 unter dem Titel «A Little Book about the Big Bang» bei Harvard University Press, London.

Deutsche Erstausgabe
Veröffentlicht im Rowohlt Taschenbuch Verlag, Hamburg, Juni 2023
Copyright der deutschen Erstausgabe © 2023 by Rowohlt Verlag GmbH, Hamburg
«A Little Book about the Big Bang» Copyright © 2022 by the President and
Fellows of Harvard College
Covergestaltung zero-media.net, München
Coverabbildung FinePic®, München
Satz Chronicle bei Pinkuin Satz und Datentechnik, Berlin
Druck und Bindung CPI books GmbH, Leck
ISBN 978-3-499-01102-3

MIX
Papier | Fördert
gute Waldnutzung
FSC
www.fsc.org
FSC® C083411

Meinen Professoren und Kollegen, von denen ich
mehr gelernt habe, als sie ahnen

Inhalt

Einleitung
Warum gibt es überhaupt etwas und nicht vielmehr nichts?

In diesem kleinen Buch geht es um das größte Thema überhaupt, den Urknall oder Big Bang. Es geht nicht um die Fernsehserie. Es geht um Kosmologie. Kosmologen verstehen unter Kosmologie die Lehre von Aufbau und Entwicklung des Universums in seiner Gesamtheit. Im Lauf des vergangenen Jahrhunderts hat sich die Kosmologie zunehmend auf das Studium des frühen Universums konzentriert: die Untersuchung des Ursprungs von Galaxien, die Analyse der leichtesten chemischen Elemente, die Messung der Wärmestrahlung, die den ganzen Weltraum erfüllt, und die Erkundung exotischer Phänomene, die wir nicht direkt sehen können – dunkle Materie und dunkle Energie. Allgemein gesprochen, beschäftigen sich Kosmologen mit unserem Universum in seinen allerfrühesten Sekundenbruchteilen, unmittelbar nach seiner Geburt. Genauer gesagt, ist Kosmologie die Theorie vom Ursprung des Universums: des Urknalls.

Gelegentlich wird die Kosmologie als Ort bezeichnet, an dem Physik und Philosophie sich treffen. Das stimmt bis zu einem gewissen Grad und ist bis zu einem gewissen Grad auch unvermeidlich. In der Wissenschaft geht es immer darum, Fragen zu stellen und Antworten auf diese Fragen zu suchen. Wenn wir diesen Fragen weit genug nachgehen, finden wir irgendwann keine Antworten mehr. Das gilt insbesondere für die Kosmologie. Wenn im Gespräch das Thema Urknall aufkommt, lautet die erste Frage, die Nicht-Kosmologen (also die meisten Menschen) stellen: «Und was kam vor dem Urknall?» Das ist eine natürliche und berechtigte Frage, doch wir können sie momentan nicht beantworten, und das wird sich zu Lebzeiten dieses Autors wohl nicht mehr ändern.

Dennoch ist mein Plan, diejenigen Fragen zu stellen, die Laien wie auch andere stellen, und zu versuchen, diese Fragen so einfach wie möglich zu beantworten. Da sich dieses Buch in erster Linie an Menschen richtet, die neugierig auf Wissenschaft sind, aber keinen naturwissenschaftlichen oder mathematischen Hintergrund haben, werden meine Kollegen finden, dass es ihm an Strenge wie auch an Vollständigkeit mangelt, doch mein Ziel ist nicht, so viel Wissen wie möglich abzudecken, sondern, wenn möglich, ein wenig Wissen aufzudecken.

Aus diesem Grund habe ich versucht, den technischen Jargon auf ein Minimum zu beschränken, und auch wenn es genügend Zahlen gibt, um jedermann zufriedenzustellen, ist keine Gleichung im Text komplizierter als die für eine Gerade; alles andere habe ich in die wenigen Fußnoten verbannt. Überdies nehme ich an, dass die Leserinnen und Leser einfache Grafiken verstehen und bereit sind, einigen recht detaillierten Erörterungen zu folgen. Auf der anderen Seite stimme ich einem der zahllosen Aphorismen zu, die Albert Einstein niemals äußerte: «Man sollte alles so einfach wie möglich machen, aber nicht einfacher.» Im Lauf der Jahre bin ich zu der Überzeugung gelangt, dass es tatsächlich ein Niveau gibt, das man nicht unterschreiten kann, wenn man gewisse Dinge erklären will; in der Kosmologie ist dies aufgrund der ihr innewohnenden mathematischen Struktur der Fall. Wenn ich die Mathematik nicht in Begriffen eines verständlichen physikalischen Konzepts erklären kann, dann werde ich es auch nicht versuchen.

Obgleich in diesem Buch nichts vorkommt, das echter Mathematik ähnelt, möchte ich Sie davon überzeugen, dass die moderne Kosmologie ein außergewöhnliches Gebäude ist, das auf einem felsenfesten Fundament errichtet wurde. Daher baut jedes Kapitel in der Regel auf dem vorherigen auf und Sie sollten das Buch von Anfang an lesen. Wenn Sie immer nur am Fazit interessiert sind, könnten Sie ungeduldig werden.

Wie bereits erwähnt, wirft die Kosmologie wirklich tiefgreifende Fragen auf. Bei der Darstellung des Konzepts, das den Grundlagen der modernen Urknall-Theorie zugrunde liegt, möchte ich vor diesen Fragen nicht zurückschrecken. Ich halte mich an den Rat eines früheren Mentors: «Wenn man eine dumme Frage stellt, fühlt man sich vielleicht dumm. Stellt man keine dummen Fragen, bleibt man dumm.»

Im Verlauf des Buches werden sich unweigerlich mehr Fragen einstellen als Antworten. Wenn man ohnehin das Unwägbare wägt, ist es schließlich nur ein kleiner Schritt von «Was war vor dem Urknall?» zu dem ultimativen Rätsel «Warum gibt es überhaupt etwas und nicht vielmehr nichts?». Angesichts der Tatsache, dass sich Menschen diese Frage schon seit Jahrtausenden stellen, ohne einen Konsens gefunden zu haben, wäre es unvernünftig anzunehmen, in diesem Buch die Antwort zu finden. Wenn Sie diese Frage einem ehrlichen Kosmologen stellen, wird er Ihnen antworten: «Ich weiß es nicht.»

•

Da sich dieses Buch an interessierte Laien wendet, werde ich statt auf Gleichungen auf Vergleiche setzen. Das ist nicht ungefährlich, denn früher oder später stößt jede Analogie an ihre Grenzen. Wie Theorien sind auch Analogien Modelle der Realität, nicht die Realität selbst. Was den Urknall angeht, so greifen Kosmologen gern auf Ballons zurück, um einige Eigenschaften des expandierenden Universums zu beschreiben, doch das wirkliche Universum ist kein Ballon, und der Vergleich hinkt. Bei Analogien ist es entscheidend wichtig, auf den Unterschied zwischen Vergleich und Wirklichkeit hinzuweisen.

Ich habe bereits mehrmals den Begriff *Theorie* benutzt. Lassen Sie mich betonen, dass dieser Begriff im wissenschaftlichen Sprachgebrauch anders benutzt wird als im Alltag. In den Medien hört man oft, dass ein Staatsanwalt eine bestimmte Theorie hat, was ein Verbrechen angeht, während der Verteidiger die Theorie hat, dass der Staatsanwalt verrückt ist. Gewöhnlich handelt es sich dabei um Annahmen, die sich nicht auf Beweise stützen, und die Situation verändert sich zu häufig, als dass man daraus schlau werden könnte.

Eine physikalische Theorie ist hingegen ein eng geknüpftes Netz von Ideen und Vorhersagen, die auf einem mathematischen Fundament aufbauen und von experimentellen sowie auf Beobachtungen basierenden Belegen gestützt werden. Wenn Kosmologen von der Urknall-Theorie sprechen, dann beziehen sie sich auf ein solches Netz von Vorhersagen und

Beobachtungen. Die Elemente der Urknall-Theorie sind nun ein ganzes Jahrhundert lang immer wieder überprüft worden, und inzwischen stützen so viele präzise Beobachtungen das Gesamtbild, dass einige Kosmologen bereits das Gefühl haben, ihre Disziplin ähnele dem Ingenieurswesen mehr als der Forschung an Grundlagen. Glauben Sie einfach an die moderne Kosmologie!

•

Zwischen der Kosmologie und den meisten anderen Naturwissenschaften besteht jedoch ein grundlegender Unterschied: Es gibt nur ein einziges Universum, das wir beobachten können. Die meisten Naturwissenschaften basieren auf Experimenten und deren Wiederholbarkeit. Ein Pharmakologe testet einen Impfstoff, indem er klinische Versuche mit zahlreichen Probanden durchführt. Sollten sich die Ergebnisse von Wissenschaftlerinnen und Wissenschaftlern weltweit nicht replizieren lassen, gilt der Impfstoff als nicht zuverlässig. Zumindest bislang haben Kosmologen keine Möglichkeit, ihre Experimente mit mehreren Universen durchzuführen, und daher können die Wissenschaftler nicht mit völliger Sicherheit sagen, wie das Universum aussehen würde, wenn die Dinge zu Anfang anders gelaufen wären, als sie gelaufen sind.

Aber auch wenn Kosmologen nicht alles erklären können, so doch eine ganze Menge. Dass wir lediglich ein einziges Universum zur Verfügung haben, erschwert die Dinge nur dann, wenn wir das Universum als Ganzes betrachten und die ultimativen Fragen angehen. Davon abgesehen, stützen sich Kosmologen auf die Daten und Beobachtungen, die von ihren nächsten

Kollegen, den Astronomen, gesammelt wurden. Astronomen erforschen traditionellerweise das Verhalten von Planeten, Sternen und Galaxien mittels Teleskopen auf der Erde oder einer erdnahen Umlaufbahn. Zugegeben, Astronomen sind als Erforscher fremder Welten eher Landratten: Kein Raumschiff oder Teleskop ist bislang auch nur in die Nähe des nächsten Sterns gekommen, geschweige denn einer anderen Galaxie, weswegen es unmöglich ist, mit astronomischen Objekten zu experimentieren. Aus gutem Grund wird die Astronomie als beobachtende Wissenschaft bezeichnet.

Dabei geht die Astronomie von der Grundannahme aus, dass die Grundgesetze der Physik überall im Universum gleichermaßen gelten. Astrophysiker, ebenfalls enge Kollegen von Kosmologen und Astronomen, haben diese Gesetze angewandt, um zu verstehen, was in Sternen und Galaxien vor sich geht. Da es unpraktisch ist, eine Raumsonde in die fernsten Winkel des Universums zu senden, zumindest innerhalb der Lebensspanne einer Zivilisation, stützen wir uns stattdessen auf Licht und andere Boten, die uns Informationen aus fernen Teilen des Universums bringen. Es gehört zu den großen Triumphen der Naturwissenschaften, dass wir so viel über den Kosmos lernen konnten, ohne die Erde zu verlassen – einfach durch die Annahme, dass die Naturgesetze, wie wir sie kennen, auch anderswo gelten. Inwieweit die bekannten Gesetze der Physik tatsächlich für das Universum als Ganzes gelten, ist allerdings eine offene Frage.

Kosmologen versuchen die Evolution des Universums mit denselben Mitteln nachzuvollziehen wie Astronomen und Astrophysiker: Mit Papier und Bleistift oder Computern setzen wir etablierte Physik in mathematisch konsequenter Weise ein, um ein Modell des Systems zu schaffen, das wir untersuchen, und prüfen dann, ob die Rechenergebnisse mit den Beobachtungen übereinstimmen. Bei dem System kann es sich um einen Galaxienhaufen oder das gesamte Universum handeln. Wenn die Vorhersagen unseres Modells mit den Beobachtungen übereinstimmen, stoßen wir darauf an. Wenn sie nicht übereinstimmen, suchen wir nach einem mathematischen Fehler. Wenn wir keinen solchen Fehler finden, suchen wir nach irrigen Annahmen im Konzept. Wenn schließlich kein Modell mit den Beobachtungen in Einklang steht, schließen wir neue Phänomene mit ein. Wenn diese neuen Phänomene die Ergebnisse verbessern, bitten wir unsere beobachtenden Kollegen, danach zu suchen.

Was man als Naturwissenschaftler besser nicht tun sollte, ist, exotische Phänomene in das gegenwärtige Modell einzuführen, bevor einfachere Erklärungen wirklich ausgeschlossen werden können. Wenn man an die frühesten Momente nach dem Urknall denkt, hmmm ...

•

An diesem Punkt fragen Sie sich vielleicht, wo genau Astronomie und Astrophysik enden und die Kosmologie beginnt. Es gibt keine scharfe Grenze, und in der Regel kennt sich ein Forschender, der auf einem dieser Gebiete arbeitet, recht gut in den beiden anderen aus. Der Unterschied liegt hauptsächlich im *Maßstab*. Wie bereits erwähnt, beschäftigen sich Astronomie und Astrophysik traditionellerweise mit dem Verhalten von Planeten, Sternen und Galaxien, in neuerer Zeit auch mit ganzen Galaxienhaufen und sogar Superhaufen – Haufen von

Galaxienhaufen. Ein Kosmologe interessiert sich für das größte vorstellbare Bild; das beginnt irgendwo bei der Größe eines Superhaufens, und fragt, wie sich all dies zu dem Universum entwickeln konnte, das wir kennen. Auch wenn die Physik, die das Verhalten von Galaxien lenkt, dieselbe ist wie für Sterne, wird sich dieses Buch nicht mit Sternen beschäftigen und auch nicht mit Planeten. Es wird darin auch kaum um Schwarze Löcher gehen, so faszinierend sie auch sind. Aus kosmologischer Perspektive sind diese Objekte zu klein, um bedeutend zu sein.

Kosmologen finden es höchst hilfreich, die verschiedenen astronomischen Maßstäbe bzw. Längenskalen im Kopf zu behalten. Im ganzen Buch werde ich die astronomische Standardtechnik beibehalten und Entfernungen in Zeit ausdrücken, die Licht benötigt, um diese Entfernungen zurückzulegen. Wie Sie vielleicht wissen, braucht das Licht rund acht Minuten, um die Strecke Sonne – Erde zurückzulegen. Runden wir auf zehn Minuten auf. Wir können daher sagen, dass die Erde in einer Entfernung von rund zehn Lichtminuten von der Sonne liegt. Genauso ist ein Lichtjahr einfach die Entfernung, die das Licht in einem Jahr zurücklegt. Astronomen rechnen Lichtjahre niemals in Kilometer um, und das sollten Sie auch nicht tun. Vielmehr sollten Sie ein Gefühl für die verschiedenen Größenskalen entwickeln, die es im Universum gibt:

Vier Lichtjahre beträgt die Entfernung zum nächsten Stern jenseits der Sonne.
Der Durchmesser unserer Milchstraße beträgt rund 100 000 Lichtjahre.
Der Durchmesser eines Galaxienhaufens beträgt Millionen Lichtjahre.

Die Größe eines Superhaufens beträgt Hunderte Millionen Lichtjahre.

Die Größe des beobachtbaren Universums beträgt ungefähr 14 Milliarden Lichtjahre.

•

Das ist die Skala der Kosmologie, der Maßstab, um den es in diesem Buch geht.

Sie sind doch Kosmologe. Können Sie mir einen kosmetischen Rat geben? Nein!

Kapitel 1
Schwerkraft, Kürbisse und Kosmologie

Die Kosmologie beschäftigt sich damit, wie die Schwerkraft die Entwicklung des ganzen Universums bestimmt; Kosmologie zu verstehen, heißt daher, die Schwerkraft zu verstehen.

Die Schwerkraft oder Gravitation ist die bei Weitem schwächste der vier bekannten Grundkräfte. Für einen Physiker ist eine Kraft nichts anderes als der Zug oder Druck, der auf ein Objekt ausgeübt wird – keine «dunkle Seite» hat ihre Finger im Spiel –, und einer der Hauptgründe dafür, dass Physiker ihr Gebiet als grundlegend für alle Naturwissenschaften ansehen, ist das im Lauf der Jahrhunderte angehäufte Wissen, dass es nur vier fundamentale Kräfte in der Natur gibt. Eine davon, die sogenannte *starke* Kraft, korrekter starke Wechselwirkung genannt, ist eindeutig die stärkste Naturkraft und hält die Atomkerne zusammen. Jeder Atomkern besteht aus Neutronen und Protonen (abgesehen vom Kern des Wasserstoffatoms, der keine Neutronen enthält), und die elektrische Abstoßung zwischen den positiv geladenen Protonen würde den Kern sprengen, wäre da nicht die starke Kraft, die ihn zusammenhält. Die mit der starken Kraft einhergehende Energie ist es, die bei einer Atomexplosion freigesetzt wird. Die starke Kraft wirkt jedoch nur im Atomkern, der aus kosmologischer Sicht außerordentlich klein ist.

Die zweite Grundkraft ist die *schwache Kraft* (schwache Wechselwirkung). Milliarden Mal schwächer als die starke Kraft, kontrolliert sie gewisse Formen des radioaktiven Zerfalls. Tritium, die superschwere Version des Wasserstoffs, ist radioaktiv und zerfällt in eine Variante von Helium; seine Zerfallsrate wird von der schwachen Kraft bestimmt. Wie die starke Kraft operiert die schwache Kraft jedoch ebenfalls ausschließlich im Atomkern, der kosmologisch keine Rolle spielt.

Im Alltag sind die wichtigsten Kräfte die elektrische und die magnetische Kraft, bei denen es sich in Wirklichkeit um zwei Aspekte einer einzigen *elektromagnetischen Wechselwirkung* handelt. Diese Kraft ist für alle chemischen Reaktionen verantwortlich und wirkt in sämtlichen Geräten, die elektrischen Strom brauchen, vom Toaster bis zum Smartphone und allem anderen, das wir heutzutage als gegeben ansehen. Der Elektromagnetismus ist die Basis der modernen Zivilisation. Um elektrische oder magnetische Kräfte zu erzeugen, bedarf es jedoch elektrischer Ladungen. Da astronomische Körper wie Planeten elektrisch ungeladen sind, üben sie keine direkten elektrischen oder magnetischen Kräfte aufeinander aus.

Alle Objekte ziehen einander aber per Gravitation an. Die Schwerkraft ist jedoch unglaublich schwach – dass der gravitative Zug der gesamten Erde nicht einmal einen Kühlschrankmagneten bewegen kann, ist ein Indiz dafür, wie schwach sie im Vergleich zur elektromagnetischen Kraft ist. Physiker drücken das so aus: Die gravitative Anziehung zwischen zwei Wasserstoffkernen, also zwei Protonen, ist rund 36 Größenordnungen, also Zehnerpotenzen, kleiner als die elektrische Abstoßung zwischen ihnen. Bei der Entwicklung von Unterhaltungselektronik müssen sich Ingenieure um die Schwerkraft keinen Kopf machen.

Da die Kernkräfte nur im Atomkern wirken und astronomische Körper elektrisch neutral sind, bleibt es also der schwächsten Naturkraft vorbehalten, das Schicksal des Universums zu bestimmen.

•

Unsere moderne Theorie der Gravitation ist Albert Einsteins Allgemeine Relativitätstheorie, die oft als die schönste wissenschaftliche Theorie überhaupt bezeichnet wird. Und das mit Recht.

Oberflächlich betrachtet, kann man die Allgemeine Relativitätstheorie lediglich als Verfeinerung der Newtonschen Gravitationstheorie ansehen, die von Isaac Newton etwa 250 Jahre zuvor entwickelt wurde. Diese Theorie besteht aus einer einzigen unsterblichen Formel, die zeigt, wie die Anziehungskraft zwischen zwei Objekten von ihrer Masse und der Entfernung zwischen beiden abhängt. Man muss die Formel nicht einmal niederschreiben, um ihre Botschaft zu verstehen: Wenn man nichts weiter als die Masse der Objekte und ihren Abstand kennt, kann man die Anziehungskraft, die beide aufeinander ausüben, berechnen.[1]

Oben habe ich gesagt, dass eine Kraft in der Physik nur ein

---

[1] Newtons Gravitationsgesetz beschreibt die Gravitationskraft F zwischen zwei Massen, m_1 und m_2, als $F = Gm_1m_2/r^2$, wobei r der Abstand zwischen den Massen und G die Gravitationskonstante ist. Ihr Wert bestimmt die Stärke der Kraft und muss experimentell bestimmt werden.

Ziehen oder Drücken ist. Genauer gesagt, bewirkt eine Kraft, dass ein Objekt seine Geschwindigkeit verändert – mit anderen Worten, sie beschleunigt oder verlangsamt es. Wenn ein Klavier schneller oder langsamer wird, wirkt eine Kraft darauf ein. Wenn sich das Klavier mit konstanter Geschwindigkeit bewegt, wirkt keine Kraft darauf ein.

Newton zufolge kennen wir, wenn die Kräfte bekannt sind, die auf ein Objekt wirken, seine Beschleunigung und können dann sein zukünftiges Verhalten vollständig vorhersagen. Wenn wir also die Massen und die gegenwärtigen Abstände aller Sterne im Universum kennten, wüssten wir alles, was es über die Zukunft des Universums zu wissen gibt – und auch über seine Vergangenheit. Deshalb wird das Newtonsche Universum oft mit einem Uhrwerk verglichen. Meist ist es das auch.

•

Newtons Gravitationstheorie funktioniert unter gewöhnlichen Umständen so gut, dass Astronomen zwei Jahrhunderte lang überzeugt waren, sie würde die Bewegungen des Sonnensystems vollständig erklären. Mitte des 19. Jahrhunderts tauchten jedoch die ersten Hinweise auf, dass dies vielleicht nicht ganz stimmt. Wie alle Planeten wandert Merkur auf einer elliptischen Umlaufbahn um die Sonne. Wenn Merkur und die Sonne das gesamte Sonnensystem darstellten, würde der Punkt größter Sonnennähe des Merkurs, sein *Perihel*, stets an einem festen Punkt im All liegen. Stattdessen beobachteten Astronomen, dass das Perihel seine Position im Lauf der Zeit langsam verlagerte. Wie Berechnungen zeigten, konnte der gravitative Zug der anderen Planeten im Sonnensystem den größten Teil dieser Verlagerung erklären, doch ein kleiner, störrischer Restbetrag blieb übrig. Es gab viele Vorschläge, um diese Anomalie zu erklären, doch der Geist in der Maschine blieb mehr als ein halbes Jahrhundert lang ein Rätsel.

Als Einstein Anfang des 20. Jahrhunderts an der Allgemeinen Relativitätstheorie zu arbeiten begann, gab es, abgesehen von der Perihelverschiebung des Merkurs, keine andere Beobachtung, die dafürsprach, dass die Newtonsche Gravitation vielleicht nicht ausreichte. Es gab da jedoch noch James Clerk Maxwells Theorie des elektromagnetischen Feldes.

Zunächst sollten Sie sich klarmachen, dass es in Newtons Theorie um *Teilchen* und *Kräfte* geht. Zwei Kürbisse liegen in einem Kürbisfeld. Wir können sie als zwei Teilchen ansehen, die über das Kürbisfeld eine Anziehungskraft aufeinander ausüben. Ebenso können wir die Erde und den Mond als Teilchen idealisieren, die durch den Raum hindurch eine gravitative Anziehung aufeinander ausüben. In keinem Fall erklärt Newtons Theorie, wie die Kraft von einem Punkt zum anderen gelangt. Daher wird die Newtonsche Gravitation oft als *Fernwirkung* bezeichnet.

Ebenso wichtig ist, dass die Anziehungskraft zwischen den beiden Objekten offenbar ohne Verzögerung (*instantan*) übermittelt wird; wenn die Sonne verschwände, hätten die Planeten nichts mehr, um das sie kreisen könnten, und würden augenblicklich in den Weltraum davonfliegen.

•

Statt eines Kürbisfeldes stellen Sie sich nun vor, dass die beiden Kürbisse in einem Teich schwimmen. Das Wasser im Teich besteht aus einer riesigen Menge an Molekülen, doch sie sind so klein, dass wir sie ignorieren und uns stattdessen vorstellen, dass das Wasser an jedem Punkt eine bestimmte Dichte und einen bestimmten Druck hat. Dichte und Druck sind makroskopische Größen und beziehen sich nicht auf einzelne Teilchen. Das ist ein typisches Merkmal für ein *Feld*. Man kann die Luft in einem Raum als Feld betrachten. Ebenso die elastische Oberfläche eines Trampolins. Auch ein Bienenschwarm ähnelt in vieler Hinsicht einem Feld.

Das Bild vom Feld liefert einen natürlichen Mechanismus für die Übertragung von Kräften. Wenn die Kürbisse auf und nieder wippen, schaffen sie kleine Störungen, die als Wasserwellen über den ganzen Teich laufen. Diese Wellen sind lokale Störungen, die sich mit endlichen Geschwindigkeiten durch das Wasserfeld ausbreiten. Bei der Newtonschen Schwerkraft muss man sich hingegen Kräfte vorstellen, die unendlich schnell durch riesige leere Räume übermittelt werden.

«Einspruch!», rufen Sie höflich: Für die gravitative Anziehung zwischen Erde und Mond spielen Wellen keine Rolle. Richtig. Alle Vergleiche hinken. Wenn man an die permanente gravitative Anziehung zwischen Körpern denkt, macht es keinen großen Unterschied, ob man sich Kräfte oder Felder vorstellt. Dennoch gibt es Felder; wenn Sie jemals Eisenspäne auf ein Blatt Papier geschüttet haben, unter dem sich ein Magnet befand, haben Sie dessen Magnetfeld direkt beobachten können. Alles in allem ist das Bild vom Feld so wirkmächtig, dass praktisch alle modernen Theorien der Grundlagenphysik Feldtheorien sind. Ohne das Feldkonzept ist es so gut wie unmöglich, elektromagnetische Wellen oder Gravitationswellen zu beschreiben.

Als Maxwell über die Gesetze nachdachte, denen elektrische und magnetische Felder unterliegen, konnte er zeigen, dass sich diese Felder im leeren Raum, im Vakuum, in Form einer elektromagnetischen Welle fortpflanzen können, die sich mit einer Geschwindigkeit von 3×10^8 Meter pro Sekunde bewegt.[2] Seine Entdeckung, die er 1865 veröffentlichte, erstaunte Maxwell, denn dieser Wert entsprach fast genau der Lichtgeschwindigkeit, die damals schon präzise gemessen worden war. Die Schlussfolgerung war «praktisch unvermeidlich», wie er schrieb: Das *Licht selbst* musste eine elektromagnetische Welle sein, die sich nicht mit unendlicher, sondern mit einer endlichen Geschwindigkeit von 3×10^8 Meter pro Sekunde ausbreitete. Maxwells Vorhersage, der größte theoretische Triumph der Physik des 19. Jahrhunderts, wurde mehrere Jahrzehnte später durch die Entdeckung von Radiowellen bestätigt.

Zu Beginn des 20. Jahrhunderts versuchte eine Reihe von Physikerinnen und Physikern, auf der Basis von Maxwells Elektromagnetismus Feldtheorien der Gravitation zu entwickeln. All diese Versuche schlugen fehl, weil sich die Gravitation nicht genauso wie der Elektromagnetismus verhält. Einstein war der Erste, der diesen Unterschied begriff, und der Erste, der die Sache mit der Gravitation richtig machte. Um zu verstehen, wie seine Theorie, die er Allgemeine Relativitätstheorie nannte, das Gravitationsfeld beschreibt, müssen wir zunächst einmal

---

2 Die wissenschaftliche Schreibweise ist in Physik und Astronomie unverzichtbar. Für diejenigen, die nicht damit vertraut sind: Der Exponent gibt die Zahl der Zehnerpotenzen an oder wie viele Nullen auf die 1 folgen. Daher kann man 10 als 10^1, 100 als 10^2 und 1000 als 10^3 schreiben. 3×10^8 ist gleich 300 000 000, was verdeutlicht, warum wir die wissenschaftliche Notation gebrauchen.

ein Gefühl für eine seiner früheren Theorien entwickeln, die als Ausgangspunkt für die Allgemeine Relativitätstheorie dient: die Spezielle Relativitätstheorie.

Was ist relativ und was nicht?

Kapitel 2
Eine spezielle Theorie

Ab den 1890er-Jahren war den Naturphilosophen bewusst, dass Elektrizität und Magnetismus eng miteinander verknüpft sind. Elektrische Ströme erzeugen Magnetfelder und umgekehrt. Mit seiner Theorie des Elektromagnetismus zeigte Maxwell konkret, wie dies passierte. In seiner Speziellen Relativitätstheorie ging Einstein noch einen Schritt weiter und bewies, dass Elektrizität und Magnetismus nicht nur eng verknüpft, sondern zwei Seiten desselben Phänomens waren. Und damit zeigte er auch, dass die Newtonsche Physik modifiziert werden musste.

Einstein hätte dem berühmten Spruch «Alles ist relativ» allerdings niemals zugestimmt. Im Grunde dreht sich die gesamte Physik um Bewegung, und die wesentliche Frage, die die Relativitätstheorie stellt, lautet: Was ändert sich, wenn sich der Bewegungszustand eines Objekts ändert, und was bleibt gleich? Einige Dinge ändern sich, andere bleiben gleich, und die Relativitätstheorie hätte genauso gut den Namen «Theorie des Absoluten» tragen können, was auch tatsächlich vorgeschlagen wurde.

Das Wichtigste, das in der Relativitätstheorie absolut ist,

ist die Lichtgeschwindigkeit. Das Seltsame bei Maxwells Entdeckung, dass sich elektromagnetische Wellen im Vakuum mit einer Geschwindigkeit von 3×10^8 Meter pro Sekunde fortpflanzen, ist, dass dieser Wert, der heute allgemein mit dem Buchstaben *c* bezeichnet wird, lediglich wie durch wundersame Fügung aus seinen Gleichungen heraussprang. Wenn wir die Geschwindigkeit eines Zuges oder eines Baseballs messen, dann geschieht dies immer in Bezug auf ein anderes Objekt. Wenn wir am Bahndamm stehen, sehen wir vielleicht, dass sich der Zug im Vergleich zum Boden mit einer Geschwindigkeit von 100 Kilometer pro Stunde nach Osten bewegt. Von einem Auto aus, das sich auf einer Straße parallel zu den Gleisen mit 75 Kilometer pro Stunde ebenfalls nach Osten bewegt, scheint sich der Zug nur mit einer Geschwindigkeit von 25 Kilometer pro Stunde zu bewegen. Die Geschwindigkeit, die wir bei irgendeinem Körper messen, hängt von unserem Bezugssystem ab – grob gesagt, von unserem Blickwinkel oder, etwas genauer, von unserem Standort.

Maxwells Ergebnis war seltsam, weil es lediglich besagt, dass $c = 3 \times 10^8$ Meter pro Sekunde beträgt. In Bezug worauf? Maxwell selbst nahm an, dass sich seine elektromagnetischen Wellen durch den *Lichtäther* bewegten.

Wasserwellen wandern durch Wasser und Schallwellen durch die Luft; daher war es eine plausible Annahme, dass Lichtwellen ebenfalls durch ein Medium wandern mussten. Der Licht erzeugende oder Licht vermittelnde Äther erfüllte den gesamten Raum und lieferte einen *absoluten Standard für Ruhe*. Wenn Sie in einem Zug sitzen, befinden Sie sich, bezogen auf den Zug, in Ruhe, doch der Zug bewegt sich relativ zur Erde, und die Erde bewegt sich relativ zum Äther. Auch der Merkur weist in Bezug auf den Äther eine Geschwindigkeit auf, und man kann die Geschwindigkeit der Erde mit der Geschwindigkeit des Merkurs vergleichen, indem man sagt, dass jeder der beiden Himmelskörper seine eigene absolute Geschwindigkeit relativ zum Äther hat. Maxwell nahm an, die absolute Geschwindigkeit des Lichts relativ zum Äther betrage 3×10^8 Meter pro Sekunde.

Leider ergaben einfache Berechnungen für den geheimnisvollen Äther ziemlich seltsame Eigenschaften. Wenn der Äther zum Beispiel 100 Mal dünner als Luft war, musste er 1000 Mal härter sein als Diamant. Treffender gesagt: Alle Versuche, ihn nachzuweisen, blieben erfolglos.

•

Im Jahr 1905 packte Albert Einstein den Stier bei den Hörnern und erklärte den Äther für null und nichtig. Zudem akzeptierte er Maxwells konstante Lichtgeschwindigkeit c als Naturgesetz. So wurde Einsteins Spezielle Relativitätstheorie geboren. Sie basiert auf zwei simplen Postulaten.

Erstes Postulat: Es gibt keine absolute Bewegung. Einstein übernahm dieses Axiom von Galilei, und es besagt, dass kein Experiment, das man in einem Zug durchführt, darüber Auskunft geben kann, ob sich der Zug in Ruhe befindet oder sich mit konstanter Geschwindigkeit bewegt. Jede Bewegung wird in Hinblick auf ein Bezugssystem gemessen, und kein Bezugssystem nimmt gegenüber einem anderen eine bevorzugte Stellung ein.

Zweites Postulat: Jeder beliebige Beobachter in einem beliebigen Bezugssystem, der die Lichtgeschwindigkeit im Vakuum misst, erhält das Ergebnis $c = 3 \times 10^8$ Meter pro Sekunde.

An dieser Stelle sind ein paar belehrende Kommentare ange-bracht. Das erste Postulat ist als *Relativitätsprinzip* bekannt. Die Theorie wird als *Spezielle Relativitätstheorie* bezeichnet, weil es darin um Bewegung mit *konstanter Geschwindigkeit* geht. Einstein beschäftigte sich darin nicht mit beschleunigten Bewegungen und nahm an, dass die Bezugssysteme selbst sich mit konstanter Geschwindigkeit bewegen. Bewegung ist in der Relativitätstheorie tatsächlich relativ.

Das zweite, scheinbar so simple Postulat veränderte alles. Die Vorstellung, dass jeder in jedem Bezugssystem *dieselbe* Lichtgeschwindigkeit misst, steht in direktem Widerspruch zur Newtonschen Physik. Wenn sich Licht wie der Zug verhält, der neben der Schnellstraße fährt, sollte seine Geschwindigkeit vom Bezugssystem des Beobachters abhängig sein, wie man in der Physik jede Person oder jedes Objekt nennt, die oder das eine Messung vornimmt.

•

Das Postulat von der Konstanz der Lichtgeschwindigkeit zeigte darüber hinaus, dass man sich Raum und Zeit nicht länger als getrennte Entitäten vorstellen konnte, wie es Jahrhunderte lang üblich gewesen war. Das lässt sich recht einfach einsehen. Stellen Sie sich eine Uhr vor, die aus einem Ball besteht, der in einem Kurzzug auf und ab hüpft (siehe Abbildung Seite 31).

Boris im Zug sieht den Ball nur senkrecht auf und ab hüpfen und kann eine Sekunde als die Zeitspanne definieren, die der Ball braucht, um die Strecke vom Boden zur Decke und wieder zurück zurückzulegen.

Natasha, die das Vorbeifahren des Zuges vom Bahndamm

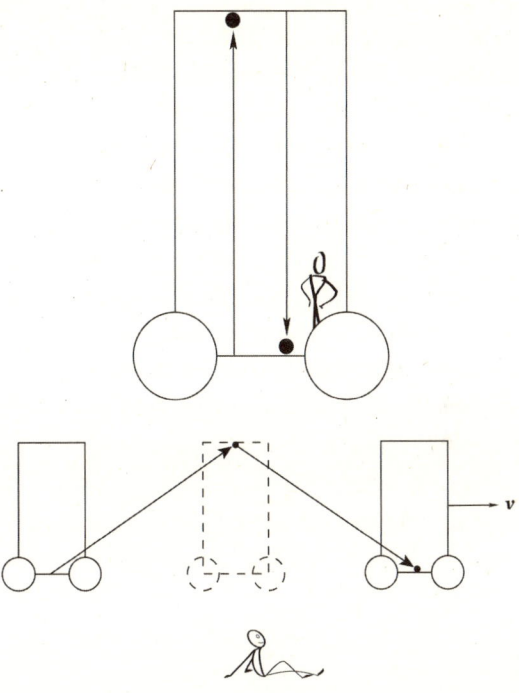

aus verfolgt, wie darunter abgebildet, sieht den Zug hingegen mit der Geschwindigkeit *v* von links nach rechts vorbeifahren. Eine Sekunde ist für sie wie für Boris die Zeit, die der Ball braucht, um seine Rundreise – Boden-Decke-Boden – zurückzulegen. Doch in Bezug auf den Boden bewegt sich der Ball auf einer Dreiecksbahn und legt daher einen längeren Weg zurück.

Überdies sieht Natasha den Ball sich *schneller* bewegen. Er hüpft mit derselben Geschwindigkeit vertikal nach oben, wie Boris es sieht, doch aus Natashas Sicht bewegt er sich auch mit der Geschwindigkeit des Zuges nach vorn. Aufgrund der zusätzlichen Geschwindigkeit legt der Ball die längere Strecke in genau derselben Zeitspanne zurück, die Boris misst, und eine Sekunde für sie entspricht einer Sekunde für ihn. In der Newtonschen Physik ist Zeit universell.

Eine weitere revolutionäre Neuerung Einsteins bestand darin zu erkennen, dass Licht aus Teilchen besteht, die seit einem knappen Jahrhundert als *Photonen* bezeichnet worden waren. Wenn der Ball ein Photon ist, dann sind die Geschwindigkeiten, die die beiden Beobachter messen, entsprechend dem zweiten Postulat der Relativitätstheorie identisch. Da das Photon in diesem Fall, vom Bahndamm aus gesehen, einen weiteren Weg zurücklegen muss, muss es länger für die Rundreise brauchen. Eine Sekunde, gemessen von Natasha, ist länger als eine Sekunde, wie Boris im Zug sie misst. Die Differenz hängt von der Geschwindigkeit des Zuges ab, also davon, welche Strecke er im Zeitraum eines Tickens zurückgelegt hat.

Dieses einfache Gedankenexperiment zeigt, dass Raum- und Zeitmessungen nicht länger unabhängig voneinander vorstellbar sind. Einstein zeigte genau, wie beide miteinander verknüpft sind, doch für unsere Zwecke sind solche Details überflüssig. Seit Aufkommen der Relativitätstheorie sehen Physiker Raum und Zeit nicht mehr als getrennt an, sondern sprechen von einer vierdimensionalen *Raumzeit*, in der Entfernungen in Raum und Zeit miteinander verknüpft sind.

Auch wenn das Konzept der Raumzeit implizit in der Speziellen Relativitätstheorie enthalten ist, war Einstein nicht ihr Schöpfer. Nirgendwo in seinen frühen Artikeln über Relativität bezieht er sich auf die Zeit als vierte Dimension. Der französische Mathematiker Henri Poincaré erkannte die Notwendigkeit für eine Raumzeit bereits früher als Einstein, und der deutsche Mathematiker Hermann Minkowski arbeitete als Erster die Konsequenzen aus. Einstein wandte sich sogar gegen die Idee und bezeichnete sie als «überflüssige Gelehrsamkeit». Letztlich sollte sich die Raumzeit-Perspektive jedoch als essenziell für die Formulierung der Allgemeinen Relativitätstheorie erweisen.

•

Die Spezielle Relativitätstheorie hatte noch andere revolutionäre Konsequenzen. Eine Konsequenz war, dass die Lichtgeschwindigkeit eine ultimative Geschwindigkeitsgrenze darstellt; keine Beobachtung kann ein materielles Objekt feststellen, das sich schneller als Licht bewegt. Des Weiteren nimmt mit der Geschwindigkeit eines Objekts auch seine Masse zu, bis sie bei c unendlich groß wird (was einer der Gründe dafür ist, dass sich nichts schneller als Licht bewegen kann).

Noch eine Konsequenz war Einsteins unsterbliche Formel $E = mc^2$, die besagt, dass die einem Körper innewohnende Energie gleich seiner Masse ist, multipliziert mit dem Quadrat der Lichtgeschwindigkeit. Definitionsgemäß legt Licht jedoch ein (1) Lichtjahr pro Jahr zurück, daher ist in diesem Einheitensystem $c = 1$ und die Gleichung reduziert sich auf $E = m$. Seit dem Aufkommen der Relativitätstheorien sind Physiker dazu übergegangen, Energie und Masse als zwei Seiten desselben Phänomens zu betrachten, und verwenden «Massendichte» und «Energiedichte» praktisch synonym, wie ich es auch tun werde.

Anders, als die meisten glauben, war Einstein nicht der Erste, der nachwies, dass Masse und Energie verknüpft waren – und mag es auch ketzerisch sein, es auszusprechen: Einen zufriedenstellenden Beweis für die Formel $E = mc^2$ lieferte er nie. Sein berühmter Artikel zu diesem Thema enthält einen Fehler, den er bei späteren Gelegenheiten erfolglos zu reparieren versuchte. Dennoch hat das Ergebnis aufgrund der zentralen Rolle, die es bei der Erklärung des Funktionierens von Atombombe und Sonnenfeuer gespielt hat, sicherlich den Test der Zeit bestanden.

Was ist bei der Speziellen Relativitätstheorie nicht berücksichtigt worden?

Kapitel 3
Die Allgemeine Relativitätstheorie –
Basis der Kosmologie

Die moderne Kosmologie besteht im Wesentlichen aus der Anwendung von Einsteins Allgemeiner Relativitätstheorie auf das gesamte Universum. Inzwischen ist die Allgemeine Relativitätstheorie eine der (wenn nicht gar *die*) am gründlichsten getesteten naturwissenschaftlichen Theorien in der Geschichte. Es gibt bislang keine Experimente und keine Beobachtungen, die ihr widersprechen, und Kosmologen zweifeln nicht mehr daran, dass diese Theorie eine ausgezeichnete Beschreibung unseres Universums liefert.

Zwar ist die Mathematik der Allgemeinen Relativitätstheorie kompliziert, doch die Grundkonzepte sind durchaus verständlich. Bevor wir uns dem Kosmos zuwenden, sollten wir versuchen zu verstehen, wie eine Theorie, die als Allgemeine Relativitätstheorie bezeichnet wird, zu einer Theorie der Gravitation wurde, warum wir dieser Theorie glauben und wie ihre Sichtweise unsere Konzepte von Raum und Zeit beeinflusst.

Wenn sich fast die gesamte Physik um Bewegung dreht, dann haben wir auf den vergangenen Seiten etwas ganz Grundsätzliches übersehen: Beschleunigung, die Veränderung der

Geschwindigkeit. In der Speziellen Relativitätstheorie betrachtete Einstein Objekte, die sich mit konstanter Geschwindigkeit bewegen. Nichts wurde beschleunigt, und da es keine Beschleunigung ohne Kraft geben kann, kamen auch keine Kräfte ins Spiel.[3]

Einstein hatte die Absicht, die Spezielle Relativitätstheorie zu erweitern, um Beschleunigungen einzubeziehen – und bei diesem Versuch schuf er die Allgemeine Relativitätstheorie. Wenn die Allgemeine Relativitätstheorie oft als die schönste Theorie bezeichnet wird (was auch zutrifft), dann deshalb, weil das ganze Gebäude und all seine Vorhersagen trotz der komplizierten Gleichungen nicht mehr als zwei einfachen, aber profunden Annahmen entspringen.

•

Lassen Sie uns mit dem beginnen, was Einstein als den «glücklichsten Gedanken meines Lebens» bezeichnete. Seit den Tagen Galileis hat man beobachtet, dass alle Körper, wenn der Luftwiderstand vernachlässigt wird, gleich schnell zu Boden fallen. Dahinter steckt die berühmte Fallbeschleunigung, die gewöhnlich mit g bezeichnet wird. Nahe der Erdoberfläche beträgt g 9,8 Meter pro Sekunde zum Quadrat, aber der numerische Wert ist für all diejenigen, die keine Ingenieure sind, unwichtig. Für einen Physiker ist wichtig, dass g *nicht* von der Masse oder Zusammensetzung des fallenden Körpers abhängt. Goldbarren,

---

3 Mit etwas Mühe lassen sich nach Stand der Dinge Beschleunigungen und Kräfte in die Spezielle Relativitätstheorie integrieren, doch das verwandelt sie nicht in die Allgemeine Relativitätstheorie.

Wassermelonen und Vogelfedern fallen im Vakuum alle gleich schnell.

Aus diesem Grund würden wir uns in einem Aufzug, dessen Aufhängung durchtrennt wird, plötzlich schwerelos fühlen, denn wir und der Aufzug würden dann mit derselben Beschleunigung g fallen, und unsere Füße würden nicht länger gegen den Boden des Aufzugs oder die Fußplatte der Badezimmerwaage drücken, die wir passenderweise dabeihaben.

In einem kleinen abgeschlossenen Raum lässt sich der Zustand des freien Falls nicht vom Fehlen der Schwerkraft unterscheiden.

Genau das ist die Situation in der Internationalen Raumstation ISS: Astronauten und Kosmonauten erfahren bei ihrem freien Fall um die Erde herum die gleiche Beschleunigung wie die Station und fühlen sich daher schwerelos. Eine vertrautere Erfahrung ist, dass wir uns schwerer als üblich fühlen, wenn wir im Aufzug nach oben beschleunigt werden. In diesem Fall fühlt es sich so an, als habe die Schwerkraft zugenommen.

Einstein erhob diese einfachen Beobachtungen in den Rang eines Naturgesetzes, das er als *Äquivalenzprinzip* bezeichnete.

In einem kleinen abgeschlossenen Raum kann kein Experiment zwischen einer konstanten Beschleunigung und einem homogenen Gravitationsfeld unterscheiden.

Mit anderen Worten: Wenn der Aufzug keine Fenster hat, ist es unmöglich zu entscheiden, ob uns der Aufzug nach oben beschleunigt oder die Masse der Erde – und damit auch ihr Gravitationsfeld – plötzlich zugenommen hat. («Gravitationsfeld» ist eine andere Weise, sich auf die Beschleunigung g zu beziehen, die von der Schwerkraft erzeugt wird.) Ebenso gilt: Wenn das Aufzugskabel durchtrennt wird, haben wir keine Möglichkeit herauszufinden, ob wir tatsächlich mit der Fallbeschleunigung *g* auf die Erde zufallen oder ob sich die Erde plötzlich in Luft aufgelöst hat. Lokal sind Beschleunigungen und Gravitationsfelder äquivalent.

Daher war Einstein klar, dass es einer neuen Theorie der Gravitation bedurfte, um die Spezielle Relativitätstheorie so zu erweitern, dass sie Beschleunigungen einschließt.

•

Noch stärker als die Spezielle Relativitätstheorie sollte die Gravitationstheorie, die den irreführenden Namen Allgemeine Relativitätstheorie führt, unsere Vorstellungen von Raum und Zeit verändern. Schon das Äquivalenzprinzip allein erfordert, dass Uhren in unterschiedlichen Höhen im Gravitationsfeld der Erde unterschiedlich schnell ticken. Das geschieht nachweislich nicht nur jeden Tag Millionen Mal, sondern auch ein Gutteil unseres modernen Lebens wäre sonst unmöglich.

Um ein altes, von Einstein vorgeschlagenes Gedankenexperiment ein wenig aufzupolieren, stellen Sie sich ein Raumschiff vor, das im leeren Raum von der Erde weg beschleunigt. Natasha, an der Spitze des Schiffs, muss natürlich ihr Handy in der Hand halten. Boris, am unteren Ende des Schiffs, hat ein identisches Modell. Natashas Äquivalenz-App sendet ihrer Handy-Uhr zufolge einmal pro Sekunde ein Lichtsignal an Boris. Da Boris während der Übermittlungszeit der Signale eine Beschleunigung nach oben erfährt, bewegt er sich schneller als anfangs und fängt die Lichtsignale früher ab, als es der Fall wäre, wenn er sich weiterhin mit konstanter Geschwindigkeit bewegte. Aus seiner Sicht sind die zeitlichen Abstände zwischen den Signalen kürzer als aus Natashas Sicht, und so zieht er den

Schluss, dass seine Uhr schneller geht als ihre.[4] Wenn Beschleunigungen und Gravitationsfelder äquivalent sind, dann muss dasselbe auch im Gravitationsfeld der Erde passieren.

Das Globale Positionierungssystem (GPS) basiert auf Signalen, die von einer Anordnung von Satelliten im Orbit der Erde geliefert werden. Da sich die Satelliten mit hoher Geschwindigkeit bewegen, ticken die Uhren, die sie an Bord haben, der Speziellen Relativitätstheorie zufolge langsamer als die Handyuhren am Boden. Und weil sie sich hoch oben auf einer Umlaufbahn befinden, wo das irdische Gravitationsfeld schwach ist, besagt die Allgemeine Relativitätstheorie ebenfalls, dass sie langsamer ticken als die Uhren am Boden. Die Diskrepanz, die auf die Allgemeine Relativitätstheorie zurückgeht, ist doppelt so groß wie diejenige, die auf die Spezielle Relativitätstheorie zurückgeht; zusammen addieren sich beide zu einem Wert, der weniger als ein Milliardstel Sekunde pro Sekunde beträgt.

Bei 3×10^8 Meter pro Sekunde bewegt sich Licht in einer Milliardstel Sekunde rund dreißig Zentimeter. Wenn das GPS nicht um die relativistischen Effekte korrigiert wird, würde jede GPS-Position jede Sekunde rund einen Drittelmeter vom korrekten Wert abweichen. Innerhalb weniger Minuten wären diejenigen, die nicht mehr wissen, wie man eine Karte liest, hoffnungslos verloren.

Die Allgemeine Relativitätstheorie stimmt einfach.

•

---

4   Einige Leser erkennen vielleicht, dass ich eine Dopplerverschiebung beschreibe.

Sie beschreibt außerdem einen Kosmos, den Newton nicht wiedererkannt hätte. Wahrscheinlich kennen Sie Newtons berühmtes erstes Gesetz, das Trägheitsgesetz, das auf Galilei zurückgeht und besagt, dass ein Körper die Tendenz hat, weiterhin das zu tun, was er gerade tut. Etwas präziser formuliert: Solange keine Kraft auf einen Körper einwirkt, bewegt er sich mit konstanter Geschwindigkeit auf einer Geraden fort. Die Schwerkraft zwingt Körper dazu, sich längs gekrümmter Bahnen zu bewegen, beispielsweise, wenn man einen Ball wirft und er auf den Boden fällt. Aber wie wir gerade gesehen haben, verschwindet die Schwerkraft in einem frei fallenden Aufzug. In einem solchen Aufzug wirken daher keine Kräfte auf den Ball ein, und aufgrund seiner Trägheit muss er einer geraden Bahn folgen, wie links in der Abbildung auf Seite 41 zu sehen.

Einstein beschloss, dass sich auch das Licht so verhalten sollte. In einem frei fallenden Aufzug oder einem Aufzug, der sich mit konstanter Geschwindigkeit bewegt, wirken keine Kräfte, und Licht bewegt sich demnach längs einer Geraden – wieder wie links in der Abbildung zu sehen. In einem Aufzug, der mit g nach oben beschleunigt wird, fordert das Äquivalenzprinzip jedoch, dass das Licht abgelenkt werden *muss*, und zwar in beiden Fällen um denselben Betrag, wie in der Mitte und rechts in der Abbildung zu sehen.

Wie seltsam: Ob ein Körper einer geraden oder einer gekrümmten Bahn folgt, scheint vom Bezugssystem abzuhängen, um es in der Sprache des vorigen Kapitels zu sagen. Und noch seltsamer: Selbst die Antwort auf die Frage, ob überhaupt Gravitation vorhanden ist, scheint vom Bezugssystem abzuhängen. Tatsächlich ist das der Fall.

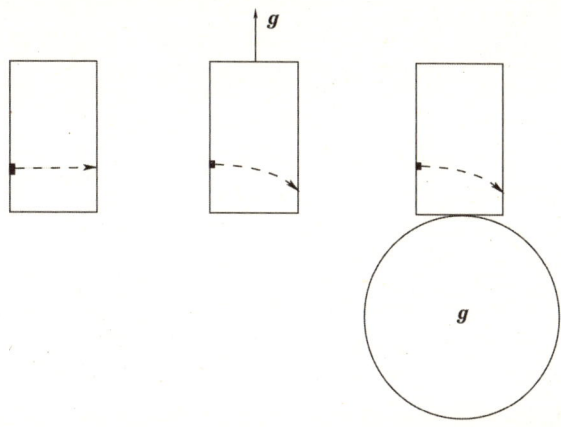

Stellen Sie sich ein Gebäude vor, wie es zukünftig vielleicht einmal gebaut werden könnte, dessen Höhe einen beträchtlichen Bruchteil des Erddurchmessers ausmacht. An der Spitze eines solchen Gebäudes ist die irdische Fallbeschleunigung g messbar kleiner als im untersten Geschoss. Das ist nicht mehr der «kleine abgeschlossene Raum», von dem zuvor die Rede war.

Wenn die Kabel bei zwei Aufzügen durchtrennt werden, einer davon nah an der Spitze, der andere nahe am Boden des Gebäudes, werden sie unterschiedlich schnell fallen. Jemand, der im oberen Aufzug einen Ball wirft, wird sehen, dass er sich in gerader Linie bewegt, genauso jemand, der einen Ball im unteren Aufzug wirft. Ein Beobachter, der beide Bälle sieht, wird jedoch feststellen, dass sie zwei unterschiedliche Kurven beschreiben, die auseinanderlaufen. Das ist im mittleren Diagramm oben illustriert. Vergleichen Sie dies mit dem kleineren Gebäude links, wo g überall konstant ist und sich die beiden Teilchen auf identischen Bahnen bewegen, die sich niemals

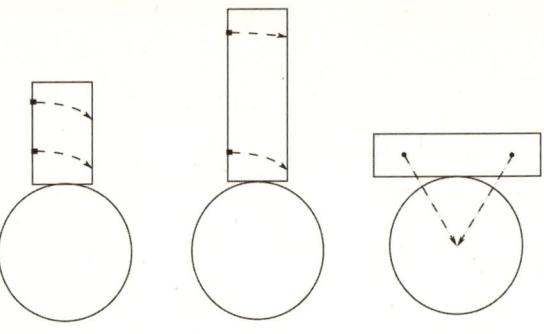

schneiden. Wenn das sehr hohe Gebäude auf der Seite liegt und man zwei Bälle fallen lässt, fallen beide in Richtung Erdmittelpunkt, und ihre Bahnen werden sich schließlich treffen, wie rechts zu sehen.

Dieses Phänomen, dass Nachbarteilchen identischen Bahnen folgen, weit voneinander entfernte Teilchen hingegen verschiedenen Bahnen, kann man an den *Gezeiten* beobachten. Die Seite der Erde, die dem Mond zugekehrt ist, verspürt ein stärkeres Gravitationsfeld als die mondabgewandte Seite. Dieser Kräfteunterschied führt zu einer Streckung der Erde, der Gezeitenwölbung, wie auch zu den Meeresgezeiten.

Wie wir gesehen haben, lässt sich immer ein kleiner Aufzug finden, in dem die Schwerkraft verschwindet. Zu Gezeiten kommt es, wenn wir einen globaleren Standpunkt einnehmen, und wie auf der Erde verschwinden die Gezeiten nicht, ganz gleich, wie wir die Sache betrachten. Mit Newton gesprochen, sind Gezeiten eine wirklich eindeutige Manifestation der Schwerkraft.

Moderne Kosmologen beschreiben Gravitation in der Sprache der Geometrie. Auf einem flachen Blatt Papier schnei-

 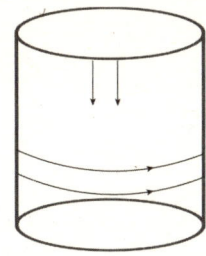

den sich zwei parallele Geraden nie. Tatsächlich ist dies das berühmte fünfte Postulat der euklidischen Geometrie. In der Speziellen Relativitätstheorie sind keinerlei Kräfte am Werk, und Teilchen, die sich auf parallelen Bahnen bewegen, tun dies bis in alle Ewigkeit. Die Spezielle Relativitätstheorie ist die Theorie der flachen Raumzeit.

Auf einer gekrümmten Oberfläche können sich zwei Linien, die anfangs parallel verliefen, schließlich doch noch schneiden. Zwei Längengrade verlaufen beispielsweise am Erdäquator parallel, schneiden sich aber am Nord- und am Südpol, wie in der Abbildung oben links zu sehen. Beachten Sie, dass die Winkelsumme in dem Dreieck auf dem Globus größer ist als 180 Grad (da sich die Basiswinkel allein schon zu 180 Grad addieren). Das ist ein weiteres Merkmal einer gekrümmten Oberfläche. Zwei parallele Linien auf einem Zylinder schneiden sich hingegen niemals; daher ist die Oberfläche eines Zylinders nicht gekrümmt, obwohl es so aussieht.

Das ist genau die Situation, die von der Gravitation hervorgerufen wird. Im Inneren eines Aufzugs folgen Teilchen parallelen Linien; weiter voneinander entfernte Teilchen folgen jedoch Bahnen, die typisch für gekrümmte Oberflächen sind und sich schließlich schneiden können. Manche Physikerinnen und Physiker halten das geometrische Bild der Relativität für eine Analogie, die für die Physik ohne Bedeutung ist. Die Geometrie der Allgemeinen Relativitätstheorie entspricht jedoch exakt der Geometrie gekrümmter Oberflächen, die von Bernhard Riemann und anderen im 19. Jahrhundert entwickelt wurde, wenn sie so erweitert wird, dass sie die Zeit als vierte Dimension enthält. Wenn es sich um eine Analogie handelt, dann um eine perfekte Analogie! Gravitation *ist* die Krümmung des Raumes – das heißt, der Raumzeit.

Die Newtonsche Gravitation sagt uns, dass Objekte mit Masse (also «massive» Objekte) gravitative Kräfte erzeugen und diese Kräfte bewirken, dass andere Objekte sich bewegen. Die Allgemeine Relativitätstheorie sagt uns, dass Materie die Raumzeit krümmt und diese Krümmung bestimmt, wie sich andere Materie bewegt. Während im Newtonschen Universum Kräfte über einen Raum wirken, der für immer flach ist, wird die Raumzeit im Einstein'schen Universum flexibel und ändert aufgrund der sich in ihr bewegenden Materie immer wieder ihre Form. Das war die konzeptuelle Revolution der Allgemeinen Relativitätstheorie.

Mithilfe seiner 1915 fertiggestellten Theorie konnte Einstein die Perihelverschiebung des Merkurs exakt erklären; Merkur ist der innerste Planet des Sonnensystems. Und der Raum dort ist ausreichend stark gekrümmt, dass sich eine messbare Differenz zur Newtonschen Schwerkraft ergibt. Im Jahr 1919 zeigte die berühmte Sonnenfinsternis-Expedition unter Leitung von Arthur Eddington, dass Sternenlicht vom Gravitationsfeld der Sonne abgelenkt wurde, wie Einstein vorhergesagt hatte. Ein Jahrhundert später gehört die Allgemeine Relativitätstheorie zu den am genauesten getesteten Theorien in der Geschichte.

Der schlagende Beweis dafür ist, dass Kartenlesen eine aussterbende Kunst ist.

•

Wie der Elektromagnetismus ist die Allgemeine Relativitätstheorie eine Feldtheorie und ermöglicht die Fortpflanzung von Wellen. Wie in Kapitel 1 bereits erwähnt, war die Allgemeine Relativitätstheorie nicht die erste Feldtheorie der Gravitation und Einstein war nicht der Erste, der Gravitationswellen vorhersagte. Tatsächlich gehörte er zunächst zu den Skeptikern, und selbst nachdem er ihre Existenz schließlich anerkannte, lag er bei seinem ersten Artikel zu diesem Thema völlig falsch. Nichtsdestotrotz war er der Erste, der die Sache richtig verstand.

Wie beim Elektromagnetismus, wo beschleunigte elektrische Ladungen zu elektromagnetischen Wellen – Licht- oder Radiowellen – führen, erzeugen beschleunigte Massen in der Allgemeinen Relativitätstheorie Gravitationswellen, die sich mit Lichtgeschwindigkeit fortpflanzen. Gravitationswellen sind jedoch keine Lichtwellen und lassen sich mit gewöhnlichen Teleskopen nicht aufspüren. Vielmehr sind Gravitationswellen winzige Gezeitenstörungen, die sich durch die Raumzeit bewegen und die Messgeräte selbst länger und kürzer werden lassen, genau, wie es die lunaren Gezeiten mit der Erde machen. Da die Gravitation so schwach ist, ist es unvorstellbar schwierig, Gravitationswellen nachzuweisen, denn sie dehnen den Detektor nur um einen Betrag, der rund 10 000 Mal kleiner ist als der Durchmesser eines Protons. Nach mehr als einem halben Jahrhundert Bemühungen ist es Forscherinnen und

Forschern dennoch gelungen, dieses Wunder zu vollbringen, und 2019 verkündete das Laser Interferometer Gravitational-Wave Observatory die Entdeckung von Gravitationswellen. Die Wellenmuster, die von kollidierenden Schwarzen Löchern in einer Milliarde Lichtjahre Entfernung hervorgerufen wurden, erfüllten die Vorhersagen der Allgemeinen Relativitätstheorie exakt, und die Entdeckung läutete eine neue Epoche der Astronomie ein, wobei sie manchen Kosmologen sogar Tränen in die Augen trieb.

•

Die Allgemeine Relativitätstheorie ist also, soweit man das sagen kann, so korrekt, wie eine naturwissenschaftliche Theorie nur sein kann. Sie ist, wie Physiker es nennen, eine *klassische* Theorie, das heißt, sie bezieht die Quantenmechanik nicht ein. Vielleicht wird es nötig sein, eine Quantentheorie der Gravitation zu entwickeln, um die Urknall-*Singularität* zu beschreiben, ein Thema, das schon bald wiederholt zur Sprache kommen wird. Nimmt man dieses extreme Ereignis jedoch aus, funktioniert die Allgemeine Relativitätstheorie unter allen nur denkbaren Umständen, und deshalb zögern Kosmologen nicht, sie anzuwenden und mit ihrer Hilfe die Evolution des gesamten Universums zu beschreiben.

Wie wir noch sehen werden, hat sich herausgestellt, dass das reale Universum beinahe flach oder euklidisch ist und daher ein Großteil des formalen Apparats der Allgemeinen Relativitätstheorie für die moderne Kosmologie so gut wie überflüssig ist; oft genügt ein Newtonsches Bild. Dennoch ist die Sichtweise der Relativitätstheorie wesentlich. In der Nachbarschaft von Objekten wie Schwarzen Löchern, wo das Gravitationsfeld extrem stark sein kann, ist die Raumzeit alles andere als flach, und dort muss man die volle Leistungsfähigkeit der Allgemeinen Relativitätstheorie einsetzen.

•

Bislang habe ich nichts über das zweite Postulat der Allgemeinen Relativitätstheorie gesagt. Es trägt einen recht rätselhaften Namen; daher wollen wir es einfach das «allgemeine» Relativitätsprinzip nennen. Erinnern Sie sich daran, dass sich die Spezielle Relativitätstheorie mit Bewegung bei konstanter Geschwindigkeit beschäftigt – genauer gesagt, mit Bezugssystemen, die sich mit konstanter Geschwindigkeit bewegen – und dass Einstein alle derartigen Bezugssysteme als gleichwertig erklärte. Keines repräsentierte den absoluten Raum. Mit der Allgemeinen Relativitätstheorie erklärte Einstein, dass wir in der Lage sein sollten, Bewegung in jedem beliebigen Bezugssystem zu beschreiben – insbesondere in beschleunigten Systemen.

Diese Feststellung wirft sehr grundsätzliche Fragen auf.

Die meisten Menschen haben wohl schon einmal in einem Vergnügungspark ein paar Runden in einem dieser rotierenden runden Käfige gemacht, wo man herumgewirbelt wird wie in einer Zentrifuge. In der Regel sagen wir dann, dass eine *Zentrifugalkraft* uns nach *außen* gegen die Käfigwand gedrückt hat. So fühlt es sich auf jeden Fall an. Aber ein Bedenkenträger, der auf dem Boden steht, würde sagen «Nein», das bildeten wir uns nur ein. Wenn der Käfig plötzlich verschwände, würden wir, vom Boden aus betrachtet, in Einklang mit Newtons Trägheitsgesetz in einer geraden Linie davonfliegen. Die Zentrifugalkraft, die wir spüren, ist «scheinbar». In Wirklichkeit drückt uns die Käfigwand nach *innen* und verhindert, dass wir in den Raum davonfliegen.

Ein sich drehender Käfig in einem Vergnügungspark stellt ein *beschleunigtes* Bezugssystem dar, und vielen einführenden Lehrbüchern zufolge sollte man in solchen Systemen keine Physik betreiben. Die Zentrifugalkraft ist eine Scheinkraft, denn sie verschwindet, wenn man die Situation vom Boden aus betrachtet, der nicht beschleunigt ist. Wir haben jedoch schon gesehen, wie die Schwerkraft selbst in einem frei fallenden Aufzug verschwindet, was einem nicht beschleunigten Bezugssystem äquivalent ist. Ist die Gravitation eine Scheinkraft?

Diese Frage lässt sich beantworten: Wenn wir der Allgemeinen Relativitätstheorie vertrauen, führt kein Weg an der Erkenntnis vorbei: Die Gravitation ist weder eine Scheinkraft noch sind «Scheinkräfte» real.

•

Das wirft eine noch grundsätzlichere Frage auf. Wir sitzen in einem Zug. Der Speziellen Relativitätstheorie zufolge lässt sich nicht feststellen, ob er sich mit konstanter Geschwindigkeit bewegt oder still steht, aber wir merken mit Sicherheit, wann er beschleunigt – dann werden wir in die Polster gedrückt.

In Bezug auf *was* beschleunigt der Zug? Isaac Newton würde antworten, in Bezug auf den absoluten Raum – den Äther, der immer in Ruhe bleibt. Einführende Physiklehrbücher stimmen Newton zu und sagen damit, dass der Äther tatsächlich existiert.

Bei der Entwicklung seiner Allgemeinen Relativitätstheorie

wurde Einstein stark von dem deutschen Physiker und Philosophen Ernst Mach beeinflusst, der den absoluten Raum für ein Hirngespinst Newtons hielt. Da es keine Möglichkeit gibt, den absoluten Raum zu finden, ergibt es nur dann Sinn, über Beschleunigung zu sprechen, wenn dies relativ zu anderen materiellen Körpern geschieht – beispielsweise den Sternen. Einstein taufte diese Idee «Machsches Prinzip».

Das Problem, das Mach ansprach, war bereits 1851 in Paris in einem berühmten Experiment demonstriert worden: Damals ließ Léon Foucault ein sehr langes Pendel von der Kuppel des Pantheons herabhängen. Im Lauf des Tages sah es so aus, als würde sich die Schwingungsebene des Pendels, bezogen auf den Boden, langsam drehen. In Wirklichkeit drehte sich das Pantheon rund um das Pendel, welches in Bezug auf die Sterne über ihm weiterhin in derselben Ebene schwang. Woher «weiß» Foucaults Pendel, dass es in einer Richtung schwingen muss, die relativ zu den Sternen festliegt? Oder ist das Bezugssystem der Sterne zufälligerweise identisch mit dem absoluten Raum? Manche Leute verstehen die Frage gar nicht. Andere sehen darin eines der tiefsten Rätsel der Physik.

Einsteins Absicht war es, das Machsche Prinzip in die Allgemeine Relativitätstheorie zu integrieren. In einem Universum, in dem es praktisch keine Materie gibt, wäre man nicht in der Lage, überhaupt Beschleunigungen festzustellen. Inwieweit Einstein damit Erfolg hatte, wird bis heute diskutiert, aber tiefer in die Materie einzusteigen, würde ein weiteres Buch erfordern. Also belasse ich es hierbei.

Wie beschreibt die Allgemeine Relativitätstheorie das gesamte Universum?

Kapitel 4
Das expandierende Universum

Heute ist uns die Vorstellung, dass das Universum expandiert, so vertraut, dass sie zu einem Teil unserer Populärkultur geworden ist, aber was bedeutet diese Expansion? Wenn Zuhörer nach einem Vortrag über Kosmologie zum Podium kommen, lautet die erste Frage stets: «Wenn sich alle Galaxien von uns fortbewegen, befinden wir uns dann im Zentrum des Universums?», und die zweite Frage ist: «In was dehnt sich das Universum aus?» Um ehrlich zu sein, werden beide Fragen manchmal auch in umgekehrter Reihenfolge gestellt, doch auch wenn sie natürlich sind, zeigen sie, dass das Konzept eines expandierenden Universums dies nicht ist.

Sicher ist, dass es Einstein nicht natürlich erschien. Als er 1916 seine Allgemeine Relativitätstheorie veröffentlichte, gab es noch keine astronomischen Belege dafür, dass sich das Universum ausdehnte, und als er im selben Jahr seine Theorie anwandte, um das erste moderne Modell des Kosmos zu schaffen, ging er von einem statischen Universum aus. Im Lauf des nächsten Jahrzehnts gewann die Vorstellung eines expandierenden Universums jedoch an Plausibilität, denn die Astronomen erkannten, dass Nebel – «Wolken», von denen man annahm, sie befänden sich innerhalb unserer Galaxie – tatsächlich jenseits unserer Milchstraße lagen; überdies entfernten sie sich offensichtlich von uns.

Allgemein akzeptiert wurde die Expansion des Universums, als Edwin Hubble 1929 sein berühmtes «Gesetz» formulierte, demzufolge die Geschwindigkeit, mit der sich eine ferne Galaxie von uns wegbewegt (sog. Rezessionsgeschwindigkeit), ihrer Entfernung direkt proportional ist. Aus Gründen, die hoffentlich noch deutlich werden, besagt das Hubble-Gesetz implizit, dass sich Galaxien nicht nur von der Milchstraße entfernen, sondern auch voneinander.[5]

Genau das meinen Astronomen, wenn sie von der Expansion des Universums sprechen – Galaxien entfernen sich voneinander. Keine Entdeckung in der Kosmologie war wichtiger, und sie bildet die Grundlage der gesamten Urknall-Theorie. Sicher ist: Würde das Universum nicht expandieren, könnte es keinen Urknall gegeben haben.

•

Vom Konzept her war Hubbles Vorgehen sehr einfach: Er trug lediglich die Geschwindigkeit verschiedener Galaxien gegen ihre Entfernung auf. Obgleich seine Daten ähnlich aussahen wie die Punkte in der Abbildung auf Seite 53, war Hubble so mutig oder so verrückt, eine Gerade durch diese Punktwolke zu legen.

---

[5] Vor Kurzem ist das «Hubble-Gesetz» in «Hubble-Lemaître-Gesetz» umbenannt worden, um den belgischen Priester Georges Lemaître einzubeziehen, der es bereits 1927 veröffentlichte, allerdings auf Französisch.

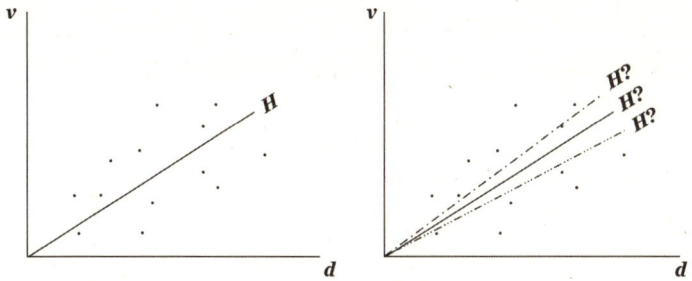

Hier müssen wir uns mit dem schwierigsten Stück Mathematik beschäftigen, das in diesem Buch vorkommt (versprochen!): der Gleichung einer Geraden. Die Gleichung für Hubbles Gerade ist $v = Hd$, wobei v die Geschwindigkeit einer Galaxie ist, d ihre Entfernung und H die Steigung der Geraden. Die Gerade besagt, dass die Rezessionsgeschwindigkeit einer Galaxie ihrer Entfernung direkt proportional ist: Wenn Galaxie Beta doppelt so weit entfernt ist wie Galaxie Alpha, dann entfernt sich Beta doppelt so schnell von uns wie Alpha. Zudem gilt: Je größer die Steigung H der Geraden ist, desto rascher entfernen sich Galaxien bei einer gegebenen Entfernung d von uns.

H, bekannt als *Hubble-Konstante*, ist wohl die berühmteste Zahl in der Kosmologie, und viele Kosmologen haben es sich zur Lebensaufgabe gemacht, ihren genauen Wert zu ermitteln. Warum ist H so wichtig? Ihren genauen Wert zu kennen, wird den Ausgang von Wahlen kaum beeinflussen, doch wie wir gleich sehen werden, gibt H an, wie rasch sich das Universum ausdehnt, was für praktisch jeden kosmologischen Prozess eine Rolle spielt. Wenn wir H kennen, wissen wir zudem, wie alt das Universum ist, also wie viel Zeit seit dem Urknall vergangen ist. Theoretisch lässt sich H einfach ermitteln: Man mache es wie

Hubble, trage galaktische Geschwindigkeiten gegen die Entfernung der betreffenden Galaxien auf und lese die Steigung ab. Allerdings wurde der Ausspruch «leichter gesagt als getan» offenbar eigens für diese Aufgabe erfunden.

Die Geschwindigkeit einer anderen Galaxie zu bestimmen, ist vergleichsweise einfach, wenn wir die berühmte *Dopplerverschiebung* anwenden: Die Lichtfrequenzen eines sich bewegenden Objekts werden in den roten Spektralbereich verschoben, wenn sich das Objekt von uns fortbewegt, und in den blauen Bereich, wenn es sich auf uns zubewegt. Die Astronomen in den 1920er-Jahren wussten genau deshalb, dass sich die meisten Galaxien (oder Nebel) von uns entfernten, weil ihr Licht eine Rotverschiebung aufwies. Der genaue Wert der Verschiebung hängt von der Geschwindigkeit des Objekts ab. Durch Vergleich des beobachteten Spektrums einer Galaxie – der Lichtfrequenzen, die sie emittiert – mit den bekannten Lichtfrequenzen, wie man sie im Labor misst, lässt sich die Rezessionsgeschwindigkeit leicht berechnen.

Das große Problem ist die Entfernungsbestimmung. Wir können die Entfernung zwischen uns und einer anderen Galaxie nicht mit einem Maßband oder einem Laser-Entfernungsmesser messen. Die Entfernung zu den nächsten Sternen lässt sich durch Triangulation bestimmen, und die Satelliten Hipparcos und Gaia haben diese Methode bei einer Milliarde Sterne in der Milchstraße angewandt; die Messung extragalaktischer Entfernungen hat die Astronomen jedoch mehr Kopfzerbrechen und Mühen gekostet. Die extragalaktische Entfernungsskala des Universums, die *kosmische Distanzleiter*, zu etablieren, gehörte wahrscheinlich zu den wichtigsten Aufgaben der jüngeren Astronomie, aber trotz moderner Präzisionsinstrumente herrscht weiterhin Uneinigkeit über astronomische Entfernungen. Solange es Unsicherheiten bei der Entfernungsmessung gibt, wird es auch weiterhin Unsicherheiten bei fast allen anderen astronomischen Größen geben – vor allem bei H.

Dass Hubbles ursprünglicher Wert für H rund sieben Mal größer war als der heutige Wert, spricht schon für die Schwierigkeiten, die mit seiner Bestimmung einhergehen. Wenn man sich die Abbildung auf Seite 53 nochmals anschaut, ist nicht völlig klar, dass die links eingezeichnete Steigung den Daten am besten entspricht; andere mögliche Steigungen sind rechts zu sehen. Und warum überhaupt eine Gerade durch die Punktwolke legen?

●

Sie können die Konsequenzen des Hubble-Gesetzes besser verstehen, wenn Sie es zu Hause experimentell überprüfen. Nehmen Sie ein breites Gummiband und zeichnen Sie darauf eine Reihe von Galaxien in Form von Punkten mit gleichem Abstand ein. Kennzeichnen Sie die Punkte mit A, B, C, D ... Dehnen Sie das Gummiband, bis die Punkte auseinanderrücken: A...B...C...D.

Nehmen wir an, Sie befänden sich in Galaxie A. Wenn sich das Gummiband gleichmäßig dehnt und sich B einen Zentimeter von A entfernt, dann hat sich C einen Zentimeter von B entfernt und daher zwei Zentimeter von A. Da all dies in der Zeit geschehen ist, in der Sie das Gummiband gedehnt haben, muss sich C *doppelt so schnell* von A entfernt haben wie von B.

Das ist Hubbles Gesetz.

Entscheidend ist, dass sich das Gummiband *gleichmäßig* dehnen muss, überall mit derselben Rate. Jedes Universum, das sich gleichmäßig ausdehnt, hat sein eigenes Hubble-Gesetz.

Oben habe ich gesagt, dass H die Expansionsrate des Universums darstellt. Genau gesagt, ist H die *prozentuale Expansionsrate des Universums*; sie beschreibt *die prozentuale Zunahme der Entfernung einer beliebigen Galaxie pro Zeiteinheit.*

Wenn C beispielsweise anfangs 5 Zentimeter von A entfernt ist und sich in 1 Sekunde um 1 Zentimeter bewegt, dann hat es seine Entfernung in 1 Sekunde um 1/5 verändert, und H ist 1/5 pro Sekunde. Am Gummiband-Beispiel wird das klarer, doch ich habe die Rechnung in die Fußnote gepackt.[6]

Besonders wichtig ist, dass im Gummiband-Universum keine Galaxie irgendwie zentraler liegt als eine andere. Wenn Sie sich in C befinden, dann sieht es so aus, als würde sich A doppelt so schnell von Ihnen entfernen wie B. Das Bild wird noch klarer, wenn Sie sich vorstellen, Galaxien auf die Oberfläche eines Ballons zu malen. Wenn Sie den Ballon aufblasen, bewegt sich jede Galaxie von jeder anderen Galaxie fort und alle Galaxien entfernen sich mit derselben Geschwindigkeit von ihren Nachbarn. Genau das meinen Kosmologen, wenn sie von der Expansion des Universums sprechen.

Das ist also die Antwort auf die erste Nachvortrag-Frage. Befinden wir uns im Zentrum des Universums? Nein.

---

6 Angenommen, die Galaxien A und C sind durch eine Entfernung d getrennt, und C hat eine Rezessionsgeschwindigkeit v, von A aus gemessen. Da das Gummiband dem Hubble-Gesetz folgt, gilt $H = v/d$, per Definition ist Geschwindigkeit die Veränderung der Entfernung pro Zeiteinheit, gewöhnlich geschrieben $\Delta d/\Delta t$. Daher gilt: $H = (\Delta d/d)/\Delta t$. Das ist die anteilige oder prozentuale Veränderung der Entfernung pro Zeiteinheit.

Sie könnten zu Recht einwenden, dass der Ballon ein Zentrum hat – im Inneren. Und an dieser Stelle funktioniert die Ballon-Analogie nicht mehr. Ein Ballon ist eine zweidimensionale Oberfläche in unserem dreidimensionalen Raum, und eine Ameise auf seiner Oberfläche kann den umgebenden Raum sehen. Das Universum, in dem wir leben, weist drei Raumdimensionen auf, und es gibt keinen umgebenden Raum, in den wir schauen könnten. Das reale Universum ist eine vierdimensionale Raumzeit und von nichts umgeben. Das Universum vergrößert sich in dem Sinne, dass sich Galaxien weiter voneinander entfernen, aber es dehnt sich nicht *in etwas* hinein aus. Das ist die Antwort auf die zweite Nachvortrag-Frage.

Natürlich ist all das sehr schwer vorstellbar. Wenn Leute versuchen, ein expandierendes Universum zu visualisieren, stellen sie sich oft ein sich ausdehnendes Gummituch mit einem Rand vor. Aber sobald man dem Tuch einen Rand verpasst, setzt man ein Außen voraus, das es nicht gibt. Sobald es einen Rand gibt, gibt es auch ein Zentrum, das ebenfalls nicht existiert. Besser ist es, sich ein Tuch ohne Rand vorzustellen, eins, das sich unendlich weit in die Ferne erstreckt. Galaxien, die auf das Tuch gemalt sind, entfernen sich immer weiter und weiter voneinander.

•

An dieser Stelle fragen Sie sich vielleicht: Expandieren die Galaxien selbst? Dehnen Sie und ich uns aus? Nein, Sie und ich dehnen sich nicht aus (es sei denn als Folge unserer kulinarischen Gewohnheiten), denn die elektromagnetischen Kräfte halten unseren Körper zusammen. Dehnt das Sonnensystem sich aus? Die übliche Antwort ist «Nein», die gravitative Anziehungskraft der Sonne hält das Sonnensystem zusammen und verhindert, dass es zusammen mit dem Universum expandiert. Genauso werden Galaxien selbst von der Schwerkraft zusammengehalten und expandieren nicht.

Geht man zu größeren Längenskalen über, liegen die Dinge nicht so klar. Etwa bei der Größenordnung von Superhaufen, die einen Durchmesser von einer Milliarde Lichtjahren haben können, reicht die gravitative Anziehungskraft nicht mehr aus, um Objekte gegen die Expansion des Universums zusammenzuhalten. Nur Teile von Superhaufen bleiben vielleicht gravitativ gebunden, und die Superhaufen als Ganzes nehmen möglicherweise an der Expansion des Universums teil. Der Grund dafür, dass Superhaufen die größten Strukturen im Universum sind, ist, dass alles Größere überhaupt keine Struktur gebildet hätte; die Expansion des Universums verhindert eine solche Zusammenballung.

•

Lassen Sie uns nun das ganze Kapitel von hinten aufrollen. Wenn sich alle Galaxien voneinander entfernen, dann liegt im Umkehrschluss nahe (wenn auch nicht zwingend), dass diese Expansion irgendwann in der Vergangenheit ihren Anfang nahm. Das Ereignis, das diese universelle Expansion in Gang setzte, nennen wir heute Big Bang, ein spöttisch gemeinter Begriff, den der Astronom Fred Hoyle 1949 prägte.

Der Big Bang oder Urknall war kein Knall im herkömmlichen Sinne; niemand hätte etwas gehört, selbst wenn es einen Lauscher gegeben hätte. Man sollte sich den Urknall auch nicht als konventionelle Explosion vorstellen, die in einem bereits vorhandenen Raum stattfand. Wenn das Universum kein «Außen» hat, dann konnte es auch in keinen Raum hinein explodieren. Die Raumzeit, wie wir sie kennen, entstand erst beim Urknall.

Und schließlich wird oft behauptet, dass alle Materie im Augenblick des Urknalls in einem einzigen Punkt konzentriert war, eben dem Mittelpunkt. Da das Universum keinen Mittelpunkt hat, kann auch diese Vorstellung nicht richtig sein.

Das Gummiband kann helfen, die Dinge zu klären. Angenommen, das Band ist bereits gedehnt, und A, B, C und D haben sich weit voneinander entfernt. Nun lassen wir das Band wieder locker, und alle Punkte bewegen sich zurück in ihre ursprüngliche Position. Die Zeit, die all die Punkte brauchen, um in ihre Ursprungsposition zurückzukehren, ist gleich dem Alter des Universums seit dem Urknall. Das Hubble-Gesetz sagt uns, dass die Entfernung, die jede Galaxie zurückgelegt hat, $d = v/H$ ist. Die Entfernung, die eine Galaxie zurücklegt, ist jedoch gleich ihrer Geschwindigkeit, multipliziert mit der Reisezeit, also $d = vt$; daher ist $vt = v/H$, was besagt, dass $t = 1/H$ ist.

Der Kehrwert der Hubble-Konstanten ist als *Hubble-Alter* bekannt, und es ist die Zeit, die ungefähr seit dem Urknall vergangen ist.

Nichts in dieser Gummiband-Analogie erfordert, dass sich alle Punkte an einem einzigen Ort befinden. Mehr noch: Wenn wir uns das Gummiband als unendlich lang vorstellen, mit einer unendlichen Anzahl von Punkten A, B, C ... (in einer unendlichen Anzahl von Alphabeten), müssen wir akzeptieren, dass der Gummiband-Urknall überall auf dieser eindimensionalen Struktur stattfand.

Andererseits ist es korrekt zu sagen, dass im Augenblick des

Urknalls alle Materie des *beobachtbaren* Universums in einem einzigen Punkt vereint war. Das beobachtbare Universum ist jedoch nicht das ganze Universum. Die Entfernung, die das Licht seit dem Urknall zurückgelegt hat, wird als *kosmologischer Ereignishorizont* bezeichnet, und wie der Name schon andeutet, können wir nicht über ihn hinaussehen. Wir dürfen sagen, dass im Augenblick des Urknalls alles innerhalb des Ereignishorizonts in einem einzigen Punkt konzentriert war.

Astronomen haben zur Messung der Hubble-Konstanten viele Techniken entwickelt, die weitaus komplexer sind als die Entfernungsbestimmung von Galaxien (mit einigen davon werden wir uns noch in späteren Kapiteln beschäftigen). Das Problem ist, dass diese Methoden nicht alle zum gleichen Ergebnis kommen. Lassen Sie mich an dieser Stelle nur sagen, dass das Alter des Universums – die Zeitspanne seit dem Urknall – nicht ganz 14 Milliarden Jahre beträgt, oder, um übergenau zu sein, 13,7 Milliarden Jahre.

•

Das Rezept der Allgemeinen Relativitätstheorie zur Beschreibung des gesamten Kosmos lautet, aufs Wesentliche beschränkt, etwa so: Bestimme die Inhalte des Universums und ihre Verteilung und lass dir dann von den Gleichungen der Allgemeinen Relativitätstheorie sagen, wie sich das Universum entwickelt.

Das mag das Rezept der Allgemeinen Relativitätstheorie sein, es war aber nicht dasjenige Einsteins. Wie bereits erwähnt, glaubte Einstein an ein statisches Universum – eins ohne Expansion. Er brachte seine Gleichungen dazu, ein solches Universum zu produzieren, indem er ein zusätzliches Glied in seine Gleichung einführte: die berühmt-berüchtigte *kosmo-logische Konstante*. Es war ein reines Schummelglied, und als sich später herausstellte, dass sich das Universum tatsächlich ausdehnte, nannte Einstein die Einführung der Konstanten «die größte Eselei meines Lebens» und entsorgte sie.

In der Rückschau erscheint die Einführung der Konstanten als seltsamer Schritt. Wenn eine Feuerwerksrakete im Weltraum explodierte, würde sich die Teilchenwolke zunächst rasch ausbreiten, und wenn die Feuerwerksteilchen massiv genug wären, würde sich die Ausdehnung der Wolke aufgrund der gegenseitigen gravitativen Anziehung der Teilchen allmählich verlangsamen. Je nach Masse der Teilchen könnte es sein, dass die Wolke irgendwann beginnt, sich wieder zusammenzuziehen. Niemals jedoch würde diese Wolke unverändert – also statisch – bleiben.

Wenn man die Gleichungen der Allgemeinen Relativitätstheorie ohne Schummelglied auf den Kosmos anwendet, zeigt sich in der Tat, dass er *dynamisch* ist. Ein Universum ohne Schummelglied wird sich automatisch mit einer Rate ausdehnen oder zusammenziehen, die von der Dichte seines Inhalts abhängt. Genau auf diese Weise macht die Allgemeine Relativitätstheorie die Auswirkung der Gravitation deutlich – durch Bestimmung der Expansionsrate des Universums. Aber genauso, wie uns die Newtonsche Physik nicht sagt, wie viele Feuerwerkskörper wir in die Rakete laden sollten oder wie ihre Zusammensetzung sein sollte, lässt die Allgemeine Relativitätstheorie die Zutaten für jede Art Universum offen. Sobald diese spezifiziert sind, übernimmt die Gravitation und lenkt die Entwicklung des Modells.

Im Jahr 1922 leitete der russische Meteorologe Alexander

Friedmann aus Einsteins Gleichungen genau einen solchen dynamischen Kosmos ab. Da Einstein nicht bereit war, ein sich entwickelndes Universums zu akzeptieren, war es eigentlich Friedmanns Modell, das die mathematische Basis für die Urknall-Theorie legte.[7] Das Wichtige an Friedmanns Universum ist, dass es so einfach ist, wie ein kosmologisches Modell nur sein kann. Es nimmt an, dass der Materiegehalt des Universums gleichmäßig verteilt ist und die vorhergesagte Expansion gleichmäßig erfolgt – das heißt, überall mit der gleichen Geschwindigkeit abläuft.

Friedmanns Hauptgleichung zeigt genau, wie die Expansionsrate des Universums – die Hubble-«Konstante» – von der Materiedichte abhängt. Die Hubble-Konstante, die von Astronomen gemessen wurde, ist tatsächlich die *heutige* kosmologische Expansionsrate und technisch nur in dem Augenblick eine Konstante, in dem Sie diesen Satz lesen. Da das Universum expandiert, nimmt die Dichte seines Inhalts generell ab und damit auch seine Expansionsrate.

Sie erinnern sich vielleicht aus Kapitel 3 daran, dass die Materie im Universum die Geometrie des Raumes bestimmt. Wenn die Materiedichte im Universum einen gewissen *kritischen Wert* übersteigt, der bei 10^{-29} Gramm pro Kubikzentimeter liegt (sagen wir, zehn Wasserstoffatome pro Kubikmeter), dann wird wie bei der massereichen Feuerwerksrakete die Expansionsrate in Friedmanns Modell bis auf null zurückgehen und schließlich negativ werden – das Universum wird

---

[7] Friedmanns Modell wurde im Lauf der Jahre von Georges Lemaître (1927), Howard Robertson (1935) und Arthur Walker (1936) wiederentdeckt, und heutige Kosmologen bezeichnen es gewöhnlich als das FLRW-Universum.

wieder kollabieren. Ein solches Universum wird allgemein als *geschlossenes Universum* bezeichnet, und seine räumliche Geometrie ist die eines kugelförmigen Ballons.

Wenn die Dichte unterhalb des kritischen Wertes liegt, ähnelt die Geometrie des Universums einem unendlich großen Kartoffelchip (auf dem benachbarte parallele Linien auseinanderstreben) und es wird immer weiter expandieren. Ein solches Modell wird allgemein als *offenes Universum* bezeichnet. Wie in Kapitel 3 erwähnt, scheint das reale Universum flach zu sein und genau auf der Grenze zwischen offen und geschlossen zu liegen. Mit einer ständig sinkenden Expansionsrate, die bei Unendlich schließlich null wird, kriecht das Universum bis in alle Ewigkeit immer langsamer vorwärts.[8]

Wenn sich die Expansionsrate in Zukunft verlangsamt, dann nimmt sie in Richtung Vergangenheit zu. Tatsächlich wäre sie im Augenblick des Urknalls unendlich groß.

Das ist doch sicherlich unmöglich?

---

8 In dieser Diskussion nehme ich an, dass die kosmologische Konstante null ist. Wenn es eine kosmologische Konstante gibt, wie es in unserem Universum offenbar der Fall ist (siehe Kapitel 8), werden mögliche Szenarien für das Verhalten des Universums komplizierter. Ein sphärisches «geschlossenes» Universum dehnt sich vielleicht für immer aus, und ein «offenes» Kartoffelchip-Universum kollabiert möglicherweise.

Kapitel 5
Der Rosetta-Stein der Kosmologie:
die kosmische Hintergrundstrahlung

Wenn die Entdeckung der Expansion des Universums die Grundlage der modernen Kosmologie war, dann war die Entdeckung, dass der gesamte Kosmos von einer homogenen Wärmestrahlung mit einer Temperatur von 3 Grad über dem absoluten Nullpunkt erfüllt ist, die Grundlage der modernen Urknall-Theorie.

Zuvor habe ich behauptet, die Expansion des Universums führe nicht zwingend zu der Folgerung, dass der Kosmos zu einem bestimmten Zeitpunkt mit einem Urknall begann. Das Universum könnte stets mehr oder weniger so ausgesehen haben, wie es jetzt aussieht – da sich die Galaxien voneinander entfernen, würde das bedeuten, dass sehr langsam neue Galaxien entstehen müssten, um die Leere zu füllen. Ein solches Szenario war einst als «Steady-State-Kosmologie», der zufolge das Universum schon immer existiert hat, sehr berühmt.

Zwar ist es schwierig, sich ein Universum vorzustellen, das schon immer existiert hat, doch es ist nicht weniger schwierig, sich ein Universum vorzustellen, das vor rund 14 Milliarden Jahren aus dem Nichts entstand. Bis Mitte des 20. Jahrhunderts gab es kaum Beobachtungsdaten, die entweder den Urknall oder das Steady-State-Modell gestützt hätten.

Das änderte sich 1965 beinahe über Nacht. Im Jahr zuvor hatten zwei Radioastronomen der Bell Laboratories, Arno Penzias und Robert Wilson, eine extrem sensible Funkantenne für das Echo-Satellitenprogramm verwendet, um Radiosignale aus unserer Galaxie zu untersuchen.

Für präzise Messungen muss man sämtliche störende Hintergrundgeräusche möglichst klein halten, ob sie nun von Fehlzündungen oder dem Gerät selbst stammen. Nachdem sie alle nur denkbaren Störquellen, einschließlich Vogelkot, eliminiert hatten, stellten Penzias und Wilson zu ihrer Verblüffung fest, dass ein unerwünschtes Signal übrig blieb. Dieses schwache Signal kam aus allen Himmelsrichtungen und war stets absolut gleich stark; daher konnte es nicht aus unserer Galaxie stammen. Penzias rief Robert Dicke an, den Leiter der kosmologischen Arbeitsgruppe an der Princeton University, der gerade dabei war, eine Suche nach genau diesem Signal zu starten. Dicke wandte sich daraufhin an seine Kollegen James Peebles und David Wilkinson und meinte lakonisch: «Leute, da ist uns jemand zuvorgekommen!» Penzias und Wilson hatten die *kosmische Mikrowellenhintergrundstrahlung* (englisch *cosmic microwave background radiation*, CMBR) entdeckt, genau die Wärme, die vom Urknall stammte. Die verbliebenen Anhänger des Steady-State-Modells gaben ihren Widerstand bald auf, und die Urknall-Theorie wurde zum kosmologischen Standardmodell. Im Rest des Buches geht es darum, wie sich dieses Standardmodell weiterentwickelt hat.

•

Was genau verbirgt sich hinter der CMBR? Alle heißen Körper, das heißt, alle Körper mit einer Temperatur über dem absoluten Nullpunkt (0 K = 0 Kelvin) emittieren elektromagnetische Energie in Form von Wärmestrahlung. Nicht nur Öfen und Computer strahlen Wärme ab, sondern auch Felsen und Fische, Sie und ich. Aus historischen Gründen bezeichnen Physiker Wärme als *Schwarzkörperstrahlung* und Körper, die sie abstrahlen, als *Schwarze Körper*, selbst wenn sie gar nicht schwarz sind.

Die grundlegende und bemerkenswerte Eigenschaft der Schwarzkörperstrahlung ist, dass sie völlig unabhängig von der Zusammensetzung des Körpers ist und nur von seiner Temperatur abhängt. Die Temperatur des Körpers sagt uns, wie viel Strahlung emittiert wird, und umgekehrt. Wenn Ihnen beim Arzt jemand ein Fieberthermometer an die Stirn hält, sobald Sie das Wartezimmer betreten, so misst er in der Annahme, dass Sie ein Schwarzer Körper sind, die Intensität der Wärmestrahlung, die Sie aussenden, und infolgedessen Ihre Temperatur. Penzias und Wilson maßen mit einem berührungslosen Thermometer die Temperatur des Universums, die, wie wir heute wissen, fast 2,7 K beträgt.

Eine typische UKW-Radiostation sendet mit einer Frequenz von rund 100 Megahertz, was einer Wellenlänge von 3 Meter entspricht.[9] Im Gegensatz zu einer Radiostation emittiert ein warmer Körper Strahlung jeder Wellenlänge, aber in unterschiedlicher Menge. Bei einem Schwarzen Körper wird

---

9 Man kann «Frequenz» und «Wellenlänge» austauschbar gebrauchen. Wenn die Frequenz (f) steigt, sinkt die Wellenlänge (λ), sodass gilt: $f \times \lambda = c$, wobei c die Geschwindigkeit der Welle ist (3×10^8 Meter pro Sekunde für Licht und rund 340 Meter pro Sekunde für Schall in Luft).

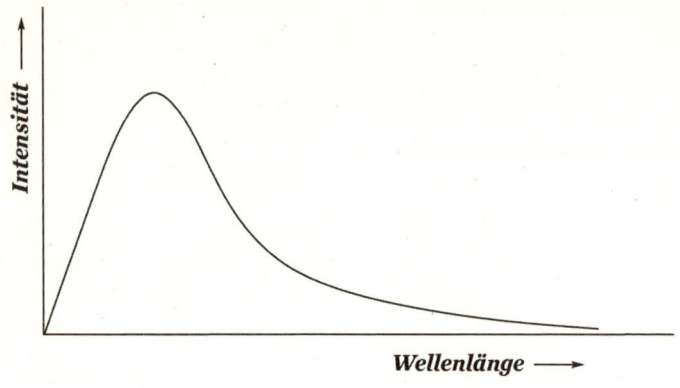

die Intensität der bei jeder Wellenlänge emittierten Energie – sein *Spektrum* – von seiner Temperatur und nur von ihr
bestimmt. Aus diesem Grund ist das Schwarzkörperspektrum
fast universell. Es ähnelt dem Diagramm oben, auch wenn die
exakte Form von der Temperatur abhängt. Wie Sie sehen, wird
der größte Teil der Strahlung im Bereich eines Wellenlängen-
maximums abgegeben, das für einen 2,7 K heißen Schwarzen
Körper rund 0,3 Zentimeter oder 100 Gigahertz beträgt. Das
liegt im Mikrowellen-Radioband, für das M in CMBR steht.

Die Intensität oder Stärke einer Strahlung ist definiert als
die Energiemenge, die pro Sekunde eine Fläche von einem
Quadratzentimeter passiert. Wie die Stärke eines Wasser-
strahls, der aus einem Gartenschlauch spritzt, kann man sich
diese Energiemenge auch als Anzahl der Teilchen vorstellen,
die pro Sekunde durch einen Quadratzentimeter hindurch-
gehen. Da Wärme im Grunde nichts anderes als elektromagnetische Strahlung – Licht – ist, sind die Teilchen in diesem
Fall Photonen. Zu sagen, dass die Temperatur der CMBR 2,7 K
beträgt, bedeutet nichts anderes, als dass gegenwärtig in jedem

Kubikzentimeter des intergalaktischen Raums rund 400 Photonen herumschwirren, die vom Urknall stammen.

Seit seiner Entdeckung ist das CMBR-Spektrum in zahlreichen Experimenten bestimmt worden, wobei der Cosmic Background Explorer (COBE)-Satellit, der 1989 ins All geschossen wurde, den Anfang machte; dabei hat sich herausgestellt, dass dieses Spektrum dem eines Schwarzen Körpers stärker ähnelt als irgendein anderes Spektrum, das jemals in der Geschichte der menschlichen Zivilisation gemessen wurde. Heute, im 21. Jahrhundert, zweifelt niemand mehr daran, dass es sich bei der kosmischen Hintergrundstrahlung um das Nachglühen des Urknalls handelt.

•

Die Entdeckung der CMBR war der Todesstoß für die Steady-State-Kosmologie, denn diese Strahlung besagte implizit, dass das Universum in der Vergangenheit *wärmer* war als heute. Das Steady-State-Modell, in dem das Universum per Definition stets war, wie es heute ist, konnte die Existenz der CMBR einfach nicht erklären.

Der Urknall war in der Tat sehr, sehr, sehr heiß. Da sich das Universum ausdehnt, nehmen Dichte und Strahlung darin im Lauf der Zeit ab; umgekehrt war die Dichte in der Vergangenheit höher. Das gilt auch für Photonen; ihre Dichte war in der Vergangenheit viel höher als heute.

Zudem besaß jedes Photon mehr Energie. Während das Universum expandiert, nimmt auch die Wellenlänge von Licht aus fernen Regionen zu, und das bedeutet röteres Licht. Das ist die berühmte *kosmologische Rotverschiebung*, die häufig auch als kosmologische Dopplerverschiebung bezeichnet wird, wie ich es in Kapitel 4 getan habe. Zu sagen, dass Licht durch die universelle Expansion des Universums röter wird, heißt gleichzeitig, dass die Energie der Photonen, die dieses Licht ausmachen, abnimmt. Das heißt im Umkehrschluss, dass die Photonen in der Vergangenheit energiereicher waren, als sie es heute sind. Da Temperatur lediglich eine Weise ist, die Energie der Photonen zu messen, hatten Photonen damals eine höhere Temperatur als heute. Als das beobachtbare Universum nur halb so groß war wie heute, war seine Temperatur doppelt so hoch. So einfach ist das.

•

Diese Erkenntnisse haben drei wichtige Konsequenzen. Die Dichte gewöhnlicher Materie im heutigen Universum beträgt rund 10^{-30} Gramm pro Kubikzentimeter, was etwa einem Wasserstoffatom pro Kubikmeter entspricht. Im Gegensatz dazu entsprechen 400 Photonen pro Kubikzentimeter, jedes mit einer Temperatur von 3 K nach der Formel $E = mc^2$ einer Massendichte von etwa 10^{-34} Gramm pro Kubikzentimeter. Das ist 10 000 Mal geringer als die Dichte der Materie. Lässt man andere Bestandteile unberücksichtigt, würde ein Kosmologe sagen, dass das Universum gegenwärtig *materiedominiert* ist.

Das war nicht immer so. Wenn man in der Zeit zurückgeht, nimmt die Dichte von Materieteilchen und Photonen mit derselben Rate zu, so wie Murmeln, die in einem sich zusammenziehenden Eimer zusammengedrückt werden. Aber jedes einzelne Photon wird energiereicher. Als das Universum etwa 10 000 Mal heißer als heute war, rund 30 000 K, hatten die Pho-

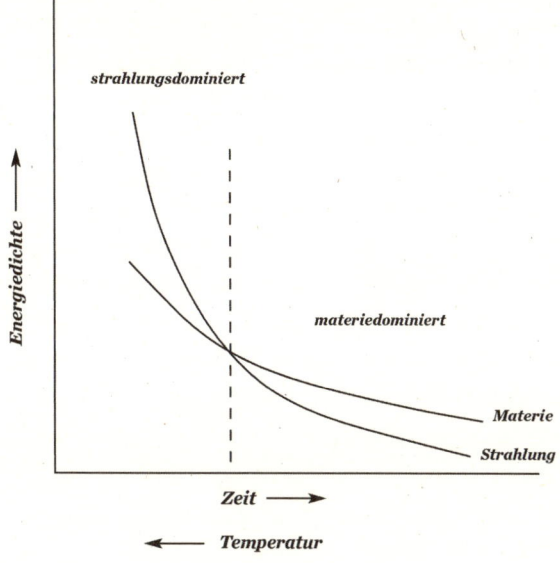

tonen eine höhere Energiedichte als die Materie. Noch weiter zurück, also etwa 50 000 Jahre nach dem Urknall, war das Universum daher *strahlungsdominiert*, das heißt, sein Verhalten wurde von den Eigenschaften der Photonen, nicht der Materie bestimmt. Diese Situation ist in der Abbildung oben skizziert. Die Unterscheidung zwischen einem materiedominierten Universum und einem strahlungsdominierten Universum wird sehr bald sehr wichtig werden.

Eine zweite wichtige, um nicht zu sagen, beunruhigende Konsequenz eines heißen frühen Universums ist, dass der Temperaturanstieg nicht aufhört, wenn man die Uhr rückwärts laufen lässt. Eine Sekunde nach dem Urknall herrschte eine Temperatur von rund zehn Milliarden Grad. Im Augenblick des Urknalls selbst wäre die Temperatur unendlich hoch gewesen.

Unendlichkeiten sind niemals ein gutes Zeichen in der Physik. Diese spezielle Unendlichkeit ist wie die unendliche Expansionsrate zu Ende von Kapitel 4 eine Manifestation dessen, was man als die *Singularität* des Urknalls bezeichnet, ein Phänomen, das immer häufiger auftauchen wird, je eingehender wir uns mit dem Urknall beschäftigen. Wenn diese Singularität zum Zeitpunkt 0 wirklich existierte, wäre die Theorie an dieser Stelle vollständig nutzlos. Es ist, als wolle man etwas durch null teilen – was verboten ist. Wir erhalten «unendlich» als Antwort, und die Gleichungen können nichts weiter aussagen. Gewöhnlich beginnen Kosmologen das Universum erst kurz nach dem Urknall zu betrachten, als es sich vermutlich vernünftig verhielt, wenn auch nicht unbedingt verständlich.

•

Eine dritte Implikation eines heißen frühen Universums ist, dass die CMBR nicht genau im Augenblick des Urknalls entstand.

Rund drei Viertel der Masse des sichtbaren Universums liegt in Form des einfachsten chemischen Elements, atomaren Wasserstoffs, vor, der aus nicht mehr als einem Elektron besteht, das um ein Proton kreist. Da Elektronen und Protonen gleich große, aber entgegengesetzte elektrische Ladungen tragen, ist atomarer Wasserstoff elektrisch neutral.

Als das beobachtbare Universum wenigstens tausend Mal kleiner war als heute, konnte atomarer Wasserstoff jedoch noch nicht existieren. Die Temperatur lag bei mehreren Tausend Grad und war damit hoch genug, um Elektronen von ihren Protonenkernen «wegzukochen». Genauer gesagt, waren

Photonen so energiereich, dass sie Elektronen aus Wasserstoff-atomen herausschlagen und die Atome *ionisieren* konnten. Das resultierende Meer von losgelösten Elektronen und Protonen nennt man ein *Plasma*.

Photonen können in einem solchen Plasma nicht weit wandern, weil sie sofort mit den Elektronen kollidieren und gestreut werden. Das Ergebnis ähnelt dem, was geschieht, wenn man mit einer Taschenlampe in dichten Nebel leuchtet: Der Strahl wird in alle Richtungen gestreut, sodass man nicht weit sehen kann. Solange der Wasserstoff noch ionisiert war, saß das Licht im frühen Universum in der Falle. Als die Temperatur auf rund 3000 K sank, kühlte das Plasma so stark ab, dass sich die Elektronen an Protonen binden und neutralen Wasserstoff bilden konnten. Licht wechselwirkt nicht stark mit neutralen Atomen, und nach dieser Phase – die seltsamerweise als Ära der *Rekombination* bezeichnet wird, als wären Elektronen und Protonen jemals zuvor zusammen gewesen – wurde das Universum für das Licht des Urknalls durchsichtig.

Daher datiert die CMBR aus der Epoche der Rekombination, die moderne Messungen recht genau auf 380 000 Jahre nach dem Big Bang datieren können. Zuvor war das Universum für Licht undurchsichtig, und mit gewöhnlichem Licht können wir nicht weiter in der Zeit zurückschauen als bis zur Entstehung der kosmischen Mikrowellenhintergrundstrahlung. Behalten Sie den Ausdruck «Rekombination» im Gedächtnis.[10]

•

---

10 Die Ära der «Rekombination» wird oft auch als «Entkopplung von Materie und Strahlung» bezeichnet, was unterstreicht, dass die Kollisionen zwischen Photonen und Materie zum Erliegen kommen.

Als die CMBR entdeckt wurde, war ihr wichtigstes Merkmal für Kosmologen ihre bemerkenswerte Gleichförmigkeit (Homogenität). Ihre Temperatur oder ihre Strahlungsintensität war, soweit man sagen konnte, in jeder Richtung absolut identisch. Zudem sind auch Galaxien, wenn man den Maßstab groß genug wählt, mehr oder weniger gleichmäßig im Universum verteilt. Zusammen stützen diese Beobachtungen eine Vorstellung, die historisch als das *kosmologische Prinzip* bekannt ist: Weiträumig betrachtet ist der Kosmos homogen.

Das kosmologische Prinzip, das von der Strukturlosigkeit der CMBR untermauert wird, wurde in die nächste Version des kosmologischen Standardmodells integriert: ein Modell, demzufolge das Universum mit einem Knall begann und dieser Knall absolut homogen war. Ein einfacheres Bild kann man sich kaum vorstellen, doch es brachte eine ganze Reihe großer Erfolge, und einen davon wollen wir gleich diskutieren.

Ein derart einfaches Bild konnte jedoch nicht völlig korrekt sein, und heute ist das wichtigste Merkmal der CMBR, dass sie eben doch nicht völlig homogen ist. Im Jahr 1992 registrierte der Satellit COBE geringfügige Unregelmäßigkeiten in der Temperatur der CMBR am Himmel, von deren Vorhandensein Kosmologen schon wussten, weil es uns sonst gar nicht gäbe. Diese Fluktuationen stellten die Keime von Galaxienbildungen dar. Vielleicht haben Sie schon einmal eine Himmelskarte mit den Verdichtungen gesehen, die von COBE oder seinen Nachfolgern aufgenommen wurden. Die vielfach veröffentlichte Himmelskarte des Planck-Satelliten, der 2009 ins All geschossen wurde, zeigt mit noch nie dagewesener Auflösung die winzigen Variationen in der Temperatur der CMBR. Auch wenn diese Unregelmäßigkeiten eine Veränderung der Hintergrundtemperatur von nur rund einem Hunderttausendstel Grad widerspiegeln, spielten Größe und Verteilung dieser Schwankungen eine entscheidende Rolle bei der Entschlüsselung fast aller Geheimnisse des frühen Universums.

Was ist so wichtig an der kosmischen Mikrowellen-hintergrundstrahlung?

Kapitel 6
Der primordiale Hexenkessel

Kohlenstoff, Stickstoff, Sauerstoff, Silizium, Eisen ... all das sind Elemente, die wir im Alltag als selbstverständlich ansehen und die für das Leben selbst unverzichtbar sind. Es ist ein ernüchternder Gedanke, dass solche Elemente zusammengenommen weit weniger als ein Prozent der sichtbaren Masse des Universums ausmachen. Der größte Teil des sichtbaren Universums, rund 76 Prozent, besteht aus dem leichtesten chemischen Element, Wasserstoff, und das zweitleichteste, Helium, macht weitere 24 Prozent aus. Die Astronomie rückt die Dinge ins rechte Licht.

Eine der großen Leistungen der Astrophysik des 20. Jahrhunderts war die Erkenntnis, dass Sterne nukleare Öfen sind, die Wasserstoff in schwerere Elemente umwandeln, einschließlich der oben erwähnten. Ab und an werden all diese Elemente von Supernovae im All verstreut, die dabei noch schwerere Elemente erzeugen, wie Blei, Gold und Uran. Letztlich werden die schweren Elemente in junge Sonnensysteme, in Planeten und in uns eingebaut.

Im Grunde stammt unser gesamtes Wissen über die Zusammensetzung von Sternen aus der Beobachtung ihrer Spektren.

Das Spektrum einer Lichtquelle enthält gewöhnlich auffällige Linien (sog. Spektrallinien), die die Frequenzen anzeigen, mit denen die chemischen Elemente in der Quelle Licht emittieren. So ist zum Beispiel Helium auch im Spektrum von Sternen zu beobachten, obwohl der größte Teil des terrestrischen Heliums aus dem Zerfall radioaktiver Elemente tief im Inneren der Erde stammt. Tatsächlich wurde Helium, das sich vom griechischen *Helios* ableitet, 1868 im Spektrum unserer Sonne entdeckt. Moderne Beobachtungen der frühesten Sterne sprechen dafür, dass diese sich aus Materie bildeten, die rund 24 Prozent Helium wie auch Spuren anderer leichter Elemente enthielt.

Da die frühesten Sterne offenbar entstanden, als der größte Teil ihres Heliums – zusammen mit einigen wenigen weiteren leichten Elementen – bereits präsent war, stellt sich die Frage: Wie entstanden diese Elemente?

Gegen Ende der 1940er-Jahre entwickelten der Physiker George Gamow und seine Kollegen die *heiße* Urknall-Theorie, um genau diese Frage zu beantworten. Was ihr schließlich auch gelang. Ihr Erfolg bei der Vorhersage der Häufigkeit der leichten Elemente machte diese Theorie nach der Entdeckung der Expansion des Universums und der CMBR zum dritten frühen Triumph des Urknall-Szenarios und zu einer der Säulen, auf der das ganze Gebäude ruht.

•

Die Theorie von der Entstehung leichter Elemente im frühen Universum, die als Nukleosynthese im Urknall oder etwas poetischer als primordiale Nukleosynthese bezeichnet wird, ist nicht nur deshalb wichtig, weil ihre Ergebnisse gut mit den Beobachtungen übereinstimmen, sondern auch, weil sie deswegen eine erfolgreiche Fusion von Allgemeiner Relativitätstheorie und Kernphysik darstellt. Zudem gibt sie die erste Antwort auf die Frage am Ende des letzten Kapitels, warum die CMBR so wichtig für die Kosmologie ist. Schon bevor die Hintergrundstrahlung entdeckt wurde, hatten die Berechnungen Gamows und seiner Kollegen ergeben, dass dieses kosmische Wärmebad existieren müsse.

Der Hexenkessel primordialer Elemententstehung ist das Friedmann-Universum aus Kapitel 4, von dem angenommen wird, es habe einen homogen verteilten Inhalt und expandiere mit einer Rate, die von diesem Inhalt bestimmt wird. Stark vereinfacht, verläuft der gesamte Prozess der Elemententstehung einfach so: Man beginne mit einem expandierenden Kessel, gebe die nötigen Zutaten hinein und erhitze das Ganze.

Ein paar Seiten zuvor habe ich Sie davon zu überzeugen versucht, dass das frühe Universum heißer war als das heutige. Kurz nach dem Urknall war das Universum für ein paar Minuten lang tatsächlich so heiß, dass Kernfusionsreaktionen möglich waren, die, nicht viel anders als diejenigen in der Sonne, aus den verfügbaren Zutaten Helium machten. Als das Universum expandierte, sank seine Temperatur, und «in kürzerer Zeit, als es braucht, eine Kartoffel zu kochen», wie Gamow es einmal ausdrückte, endete der ganze Prozess. Das Ergebnis waren 24 Prozent Helium und die beobachtete Menge an anderen leichten Elementen.

Das ist das Konzept in einer Nussschale, aber es ist weder akkurat noch vollständig, daher wollen wir uns mit einigen

Details beschäftigen, in denen wie immer der Teufel steckt. Am wichtigsten ist es, sich daran zu erinnern, dass nichts daran spekulativ ist; das gesamte Szenario erfordert lediglich konventionelle Physik.

Um ehrlich zu sein, hätte ich technisch von leichten *Isotopen* sprechen müssen. Elemente sind gekennzeichnet durch die Anzahl der Protonen im Kern, die sie enthalten; Isotope eines bestimmten Elements unterscheiden sich in der Anzahl ihrer Neutronen im Kern. Ein gewöhnlicher Wasserstoffkern besteht aus einem einzelnen Proton, während Deuterium («schwerer Wasserstoff») das Wasserstoffisotop ist, dessen Kern aus einem Proton und einem Neutron besteht. Gewöhnliches Helium hat zwei Protonen und zwei Neutronen im Kern und wird als Helium-4 bezeichnet, während Helium-3 zwei Protonen, aber nur ein Neutron aufweist.

Unser Ziel ist es, in einem sehr heißen Ofen die astronomisch beobachteten Häufigkeiten dieser Isotope zu erzeugen. Beginnen wir mit den Zutaten. Um das Rezept einfach zu halten, nehmen wir an, dass die Bausteine der Materie im frühen Universum genau dieselben grundlegenden Bausteine waren wie in den chemischen Elementen heute: Neutronen, Protonen und Elektronen. Das Kochen übernehmen die 400 Photonen pro Kubikzentimeter (aus Kapitel 5), die die CMBR bilden.

Es gibt noch eine weitere Zutat: ein subatomares Teilchen, das als *Neutrino* bezeichnet wird. Neutrinos sind die leichtesten aller Elementarteilchen mit Ausnahme des Photons, und sie reagieren kaum mit anderen Teilchen in der Natur. Ein einzelnes Neutrino kann durch ein mehr als ein Lichtjahr dickes Stück Blei wandern, bevor es gestoppt wird. Aus diesem Grund sind diejenigen Neutrinos, die vom Urknall übrig geblieben sind, bislang noch nicht direkt nachgewiesen worden. *Ein* Grund, warum wir dennoch Kenntnis von ihrer Existenz haben, ist, dass ohne sie der gesamte Nukleosyntheseprozess nicht hätte stattfinden, geschweige denn, korrekte Antworten hätte liefern können.

•

Die Zutatenliste ist nun komplett. Als Nächstes müssen wir die Ofentemperatur festlegen. Um die Urknall-Singularität, als die Temperatur unendlich war, nicht berücksichtigen zu müssen, beginnen wir mit einer Zeit größer null. Lassen Sie uns das Universum 0,0001 Sekunden nach dem Urknall betrachten. Durch Rückprojektion der heutigen CMBR-Temperatur von 2,7 K stellen wir fest, dass die Temperatur des Universums 0,0001 Sekunden nach dem Big Bang rund eine Billion Grad betrug.

Über solche Zahlen zu sprechen, mag fantastisch erscheinen, doch in der Physik kann in einer zehntausendstel Sekunde eine Menge passieren, und eine Billion Grad ist zwar ein hoher Wert, aber nicht unvorstellbar. Gewöhnliche Protonen und Neutronen können bei einer Billion Grad existieren, und überdies sind die Kernreaktionen zwischen ihnen die gewöhnlichen Reaktionen, die Physikern bekannt sind. Bei deutlich höheren Temperaturen würden Protonen und Neutronen in ihre Bestandteile «verdampfen», die Quarks, und es würde gar nicht zu einer Kernreaktion kommen.

Eine Temperatur von einer Billion Grad ist jedoch viel zu hoch, als dass Atomkerne existieren könnten. Zwar kollidieren

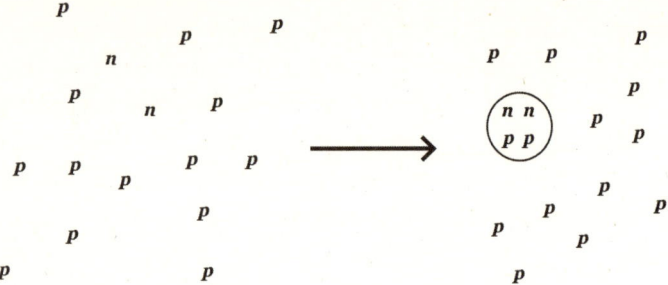

Protonen und Neutronen ständig in der Suppe, doch sie bewegen sich zu schnell, als dass die starke Kraft aus Kapitel 1 sie zu Deuterium- oder Heliumkernen verbinden könnte. Genauso, wie bei Temperaturen von mehreren Tausend Grad atomarer Wasserstoff zu einem Plasma aus Elektronen und Protonen ionisiert wird, werden Atomkerne bei einer Temperatur von einer Billion Grad zu einem Plasma aus Neutronen und Protonen «ionisiert».

Nach ungefähr einer weiteren Sekunde ist die Temperatur jedoch auf nur noch zehn Milliarden Grad gesunken, was in etwa der Temperatur im Zentrum der Sonne entspricht und beinahe kühl genug ist, dass eine Kernbildung möglich wird. Nehmen wir für einen Moment an, dass eine Sekunde nach dem Big Bang auf jedes Neutron sieben Protonen kommen, wie oben abgebildet.

Fast genau drei Minuten nach dem Urknall ist die Temperatur auf eine Milliarde Grad gesunken, und das ist so «kühl», dass kollidierende Neutronen (n) und Protonen (p) Deuterium (np) bilden können. An diesem Punkt wird aus Deuterium in einer Reihe von Kernfusionsreaktionen, ähnlich denen, die in der Sonne oder in experimentellen Fusionsreaktoren auf der

Erde stattfinden, rasch Helium-4, also gewöhnliches Helium (ppnn).[11]

Helium ist ein außerordentlich stabiles Element, und die Reaktionen kommen im Wesentlichen an dieser Stelle zum Erliegen. Es dauert etwa tausend Sekunden, also knapp 17 Minuten, bis alles zur Ruhe gekommen ist – vielleicht sogar weniger Zeit als zum Kartoffelkochen notwendig, je nach Größe der Kartoffeln.

Wie viel Helium wird erzeugt? Wenn am Drei-Minuten-Zeitpunkt sieben Protonen auf jedes Neutron kommen und alle Neutronen zu Helium verarbeitet werden, dann hört die Reaktion auf, sobald der Vorrat an verfügbaren Neutronen erschöpft ist. Wie Sie auf der Abbildung sehen können, ist das Ergebnis ein Heliumkern pro 12 Wasserstoffkerne (Protonen). Da ein Heliumkern jedoch vier Mal so massiv ist wie ein Proton, heißt das in Bezug auf die Masse: 75 Prozent Wasserstoff und 25 Prozent Helium – das kommt dem sehr nahe, was wir im realen Universum beobachten.

Wenn man die Häufigkeiten per Computer präzise berechnet, zeigt sich, dass Reste an Deuterium und Spuren anderer Isotope übrig bleiben, wie in der Abbildung auf Seite 84 oben, die zeigt, wie sich die Massenanteile der verschiedenen leichten Isotope entwickeln, während die Temperatur des Universums fällt. Nur die Helium-Häufigkeit richtig zu bestimmen, wäre an sich schon eine bedeutende Leistung, doch bemerkenswerterweise stimmen die Häufigkeiten aller leichten Isotope gut mit

---

11 Die Hauptreaktionen sind: $n + p \rightarrow d$; $d + d \rightarrow {}^3He + n$; $d + d \rightarrow t + p$; $t + d \rightarrow {}^4He + n$; ${}^3He + d \rightarrow {}^4He + p$; $d + d \rightarrow {}^4He$. Hier steht d für Deuterium und t für Tritium («überschwerer Wasserstoff»), der aus einem Proton und zwei Neutronen besteht.

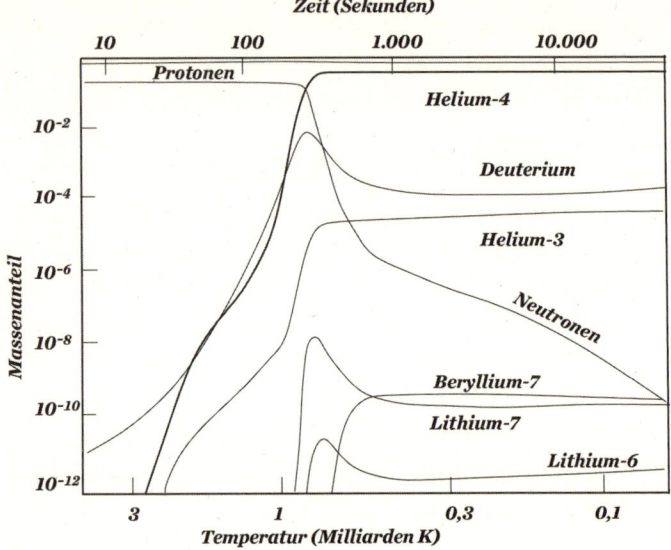

Zeit (Sekunden)

den astronomischen Beobachtungen überein. Dieses Beinahe-Wunder ist einer der Hauptgründe, warum sich Kosmologen von der Urknall-Theorie überzeugen ließen.

●

An diesem Punkt, hoffe ich, fragen Sie, woher denn dieses seltsame Verhältnis von einem Neutron auf sieben Protonen herrührt. Das ist nicht allzu schwierig zu erklären.

Als Erstes muss man verstehen, dass sich Neutronen und Protonen ineinander umwandeln können. Ein Neutron ist im Grunde nichts anderes als ein Proton plus einem Elektron: $p + e \rightarrow n + \nu$, wobei ν ein Neutrino («kleines Neutron») repräsentiert. Die Reaktion kann auch in umgekehrter Richtung ablaufen, sodass sich ein Neutron in ein Proton umwandelt: $n + \nu \rightarrow p + e$. Da diese Reaktionen von der in Kapitel 1 erwähnten schwachen Kraft kontrolliert werden, bezeichnet man sie als *schwache Wechselwirkungen*, und sie zeigen, warum Neutrinos ein essenzieller Bestandteil der Nukleosynthese sind.

Weil diese schwachen Wechselwirkungen außerordentlich schnell ablaufen, werden im frühen Universum Neutronen und Protonen ständig ineinander umgewandelt. 0,0001 Sekunde nach dem Urknall wird ein Proton schneller als jede milliardste Sekunde in ein Neutron konvertiert. Das Neutron ist jedoch etwas schwerer als das Proton, was entsprechend $E = mc^2$ heißt, dass zu seiner Schaffung mehr Energie nötig ist. Infolgedessen gibt es stets weniger Neutronen als Protonen, doch höhere Temperaturen erzeugen mehr Neutronen.

Stellen Sie sich einen Haufen Billardkugeln vor, die auf einem Billardtisch herumrollen und miteinander zusammenstoßen. Die Rate, mit der sie kollidieren, hängt von der Anzahl der Kugeln, ihrer Größe und ihrer Geschwindigkeit ab, doch im Durchschnitt wird es so-und-so-viele Kollisionen pro Sekunde geben. Nun stellen Sie sich vor, dass sich der Billardtisch ausdehnt. Die Banden weichen zurück, daher gibt es weniger Querschläger. Der Tisch selbst dehnt sich auch aus, während die Kugeln sich aufeinander zubewegen, was zu weniger Zusammenstößen führt. Wenn sich der Tisch rasch genug ausdehnt, wird es auf die Dauer zu gar keinen Kollisionen mehr kommen.

Wenn sich zwei Skalen kreuzen, passiert in der Physik und im Leben immer etwas Interessantes. Große, von der öffentlichen Hand geförderte Projekte benötigen Jahrzehnte, doch die Regierung wechselt alle vier Jahre; Skalen kreuzen sich, Projekte werden abgesagt, das Resultat ist Chaos.

Das frühe Universum hat viel mit einem sich ausdehnenden Billardtisch gemein. Seine Expansionsrate hängt ausschließlich von der Dichte seiner Bestandteile ab. Wie eine Rückprojektion von den heutigen Werten zeigt, wurde die Dichte kurz nach dem Urknall weitgehend von Photonen und Neutrinos dominiert. Die Dichte der Neutronen und Protonen war im Vergleich dazu so gering, dass sie für die Expansion praktisch keine Rolle spielten. Um es mit den Worten des vorangegangenen Kapitels zu sagen: Es war ein sehr stark strahlungsdominiertes Universum.

0,0001 Sekunden nach den Big Bang fand die von der schwachen Wechselwirkung kontrollierte Neutronen-Protonen-Umwandlung rund eine Million Mal schneller statt als die Expansion des Universums. Soweit es die schwache Wechselwirkung betraf, hätte sich das Universum ebenso gut gar nicht ausdehnen können.

Das blieb nicht lange so. Als die Temperatur sank, verlangsamten sich die schwachen Wechselwirkungen außerordentlich rasch, und etwa eine Sekunde nach dem Urknall fiel ihre Geschwindigkeit unter die Expansionsrate des Universums. Die Neutrinos stießen nicht länger mit Neutronen und Protonen zusammen, wie auf dem Billardtisch, und diese Reaktionen hörten auf. Der Anteil 1:7 war das ungefähre Verhältnis von Neutronen zu Protonen in diesem Moment des «Einfrierens»; danach veränderte sich die Anzahl der Neutronen bis zum Beginn der Nukleosynthese drei Minuten später kaum noch.[12]

---

12 Freie Neutronen sind radioaktive Teilchen und zerfallen mit einer Halbwertszeit von ungefähr zehn Minuten. Daher wären bis zum Beginn der Nukleosynthese rund 20 Prozent zerfallen. Der Zerfall der Neutronen ist in der Abbildung auf Seite 84 abgebildet.

Der Rest lief ab, wie bereits beschrieben: Neutronen und Protonen reagierten miteinander, bis die Neutronen bei 24 Prozent Helium aufgebraucht waren.

Behalten Sie im Hinterkopf, dass sich diese ganze Diskussion nur um Atomkerne dreht. Atome bildeten sich erst in der Ära der Rekombination 380 000 Jahre später, als die Temperatur bis zu dem Punkt absank, an dem Elektronen an Kerne binden konnten.

Dass die endgültige Häufigkeit von Helium fast vollständig von dem Neutronen / Protonen-Verhältnis beim «Einfrieren» bestimmt wird, ermöglichte Kosmologen in den 1980er-Jahren, die Anzahl der Neutrino-Typen in der Natur deutlich früher vorherzusagen, als dies im Labor bestätigt werden konnte. Die bekannten Neutrinos treten nämlich in drei Sorten auf, die als *Flavors* («Geschmack») bezeichnet werden; es konnte jedoch nicht ausgeschlossen werden, dass es noch mehr Flavors gibt. Die Existenz zusätzlicher Flavors würde die Expansionsrate des Universums während der Nukleosynthese jedoch deutlich ansteigen lassen, was wiederum die Helium-Häufigkeit erhöhen würde (da die Expansion die schwachen Reaktionen früher, bei höheren Temperaturen, überholen würde, als mehr Neutrinos präsent waren). Daher implizieren zusätzliche Neutrino-Flavors eine größere Helium-Häufigkeit. Die Begrenzung des Helium-Anteils auf die beobachteten 24 Prozent schloss neue Flavors aus, eine Vorhersage, die später in Teilchenbeschleunigern bestätigt wurde.

•

Das vielleicht Erstaunlichste an der primordialen Nukleosynthese – abgesehen von der Tatsache, dass sie funktioniert – ist, dass es im Wesentlichen keine Schummelglieder gibt. Die Bedingungen 0,0001 Sekunden nach dem Big Bang gehören ins Reich der gewöhnlichen Physik, und die Reaktionen sind aus dem Labor bekannt. Im ganzen Szenario gibt es nur eine einzige Zahl, die auf wackligen Füßen steht: die Dichte von Neutronen und Protonen im heutigen Universum, die ihre Dichte zum Zeitpunkt der Nukleosynthese festlegt. Da Neutronen und Protonen gemeinsam als *Baryonen* («schwere Teilchen») bekannt sind, sprechen Kosmologen von der heutigen Baryonendichte.

Wenn man die Anzahl an Todesfällen aufgrund einer Krankheit nennt, dann sagt die Absolutzahl nicht so viel wie der prozentuale Anteil an der Bevölkerung. In diesem Fall lässt sich der einzige Input als Verhältnis von Photonen zu Baryonen ausdrücken. Das Photon-Baryon-Verhältnis in unserem Universum beträgt ungefähr 10^9 zu 1, eine Milliarde Photonen pro Baryon, und diese Zahl ergibt so gute Resultate bei den Berechnungen zur Nukleosynthese. Wir wissen jedoch nicht, warum diese Zahl 10^9 beträgt statt 1 oder 618. Vielleicht begann das Universum einfach mit diesem Photon-Baryon-Verhältnis. Physiker, skeptisch, wie sie sind, bezeichnen dies als einen Fall von *Feinabstimmung* – mit anderen Worten eine Anpassung der Parameter eines Modells, um das Modell mit der Realität in Einklang zu bringen. Sie würden lieber einen natürlichen Mechanismus finden, der erklärt, warum diese Zahl genau diesen Wert hat.

«Natürlicherweise» würde man erwarten, dass das Universum mit gleichen Mengen an Materie und Antimaterie geschaffen wurde – es gibt keinen vernünftigen Grund, den einen Typ gegenüber dem anderen zu bevorzugen –, doch unser Universum besteht fast vollständig aus dem, was wir Materie nennen.[13] Im Jahr 1967 stellte der russische Physiker Andrei Sacharow die Hypothese auf, dass es während des Urknalls zu einem leichten Ungleichgewicht zwischen Materie und Antimaterie kam – sagen wir, auf jede Milliarde Antimaterieteilchen kamen eine Milliarde plus ein Materieteilchen. Wie *Star Trek*-Fans wissen, vernichten sich Materie und Antimaterie bei Kontakt und erzeugen pro Vernichtungsprozess (Annihilation) zwei Photonen. Wenn sich eine Milliarde Materie- und Antimaterieteilchen gegenseitig vernichten würden, würde ein einsames Materieteilchen übrig bleiben. Wir leben in dem «übrig gebliebenen» Universum, umgeben von ein paar Milliarden Photonen pro Baryon. Diese Erklärung verschiebt die Frage allerdings lediglich ein Stück weiter nach hinten: Was bestimmt die Größe des Materie / Antimaterie-Ungleichgewichts?

Auch wenn Sacharow die notwendigen Bedingungen für das Auftreten des Ungleichgewichts identifizierte, gibt es bis heute keine wirklich überzeugende Erklärung für das beobachtete Photon-Baryon-Verhältnis. Es bleibt ein ungelöstes Problem der Physik.

Ganz allgemein verstehen wir nicht, wie die Gesetze der Physik entstanden. Der große Erfolg der Astrophysik ist jedoch eine überzeugende Bestätigung unserer Annahme, dass Gesetze wie Impuls- und Energieerhaltung und so weiter im ganzen Universum gleichermaßen gelten – und der Erfolg der

---

13 Antiprotonen und Antielektronen, beispielsweise, haben dieselbe Masse wie ihre Materie-Pendants, doch die entgegengesetzte elektrische Ladung.

Kosmologie bei der Beschreibung von Prozessen wie der primordialen Nukleosynthese ist ein überzeugender Beweis, dass sich die Naturgesetze seit dem Urknall nicht signifikant verändert haben.

Ein fundamentaler Satz der Mathematikerin Emmy Noether besagt: Wenn ein System sich in Abhängigkeit von der Zeit nicht verändert, dann bleibt auch seine Energie konstant – sie bleibt erhalten –, und wenn der Raum vollständig homogen ist, dann bleibt auch der Impuls (*Masse × Geschwindigkeit*) des Systems erhalten. Aber das erklärt beispielsweise nicht, wie der Raum überhaupt dazu kam, homogen zu sein. Und es wirft die Frage auf, ob wir unsere üblichen physikalischen Gesetze (wie wir es in Kapitel 11 tun werden) heranziehen sollten, um ein Modell vom Universum in seiner allerfrühesten Phase, bevor es homogen wurde, zu entwickeln. Wenn wir zudem sagen «Energie kann weder geschaffen noch vernichtet werden», beziehen wir uns zwangsläufig auf ein geschlossenes endliches System, wie einen Brotkasten. Brot lässt sich in Energie umwandeln, und wenn das geschieht, nimmt seine Masse ab, doch was es bedeutet, über die Energieerhaltung des gesamten Universums zu reden – vor allem dann, wenn das Universum unendlich ist –, weiß man noch nicht wirklich, wenn es denn überhaupt irgendetwas bedeutet.

Ist eine Feinabstimmung des Kosmos unvermeidlich?

Kapitel 7
Das dunkle Universum

Laien stellen nach Vorträgen selten Fragen über die primordiale Nukleosynthese. Häufig wird jedoch die Frage gestellt: «Können Sie mir sagen, was dunkle Materie ist?»

Die Antwort sollte klar und direkt lauten: Nein.

Lassen Sie uns das Kapitel daher hier beenden.

Na gut, überdenken wir die Sache noch einmal. Nach dem Ausspruch, den Einstein nie tat, nämlich die Dinge «so einfach wie möglich, aber nicht einfacher» zu machen, ist es die Aufgabe eines Physikers, die Hürden der Natur zu umgehen und die einfachsten Erklärungen für beobachtete Phänomene zu liefern. Aber die Natur ist selten so einfach, wie sie auf den ersten Blick erscheint. Da unsere Beobachtungen immer komplexere Phänomene enthüllen, entwickeln sich auch unsere Modelle und Theorien zu ihrer Erklärung vom Simplen zum Ausgefeilten.

Mit der Akzeptanz des Urknalls in den Jahren nach 1965 wurde das Friedmann-Universum mit seiner Annahme eines absolut homogenen Materieinhalts zum kosmologischen Standardmodell. Die COBE-Entdeckungen von kleinen Verwerfungen der kosmischen Hintergrundstrahlung erzwangen eine Revision des Standardmodells, um Galaxien, Galaxienhaufen und Superhaufen einzubeziehen, die alle zweifellos existieren.

Bevor wir uns mit dem neuen Standardmodell in den Kapiteln 9 und 10 beschäftigen, müssen wir uns zunächst mit der Existenz von *dunkler Materie* und *dunkler Energie* auseinandersetzen, auf denen das Modell zum Teil aufbaut. Das Riskante dabei ist, dass sich die Situation in beiden Fällen von Woche zu Woche ändert. Dann ist es ratsam, der *New-York-Times*-Regel zu folgen: Wenn man in der *New York Times* von einer Entdeckung liest, bevor darüber eine kompetente wissenschaftliche Quelle berichtet hat, sollte man es lieber nicht glauben.

•

Kommunikationssatelliten umkreisen die Erde nur deshalb, weil die Gravitation ihre Bahnen zu geschlossenen Orbits krümmt und damit der natürlichen Neigung der Satelliten entgegenwirkt, dem Trägheitsgesetz zu gehorchen und auf geradem Weg in den Weltraum davonzufliegen. Da die Schwerkraft, die auf einen Satelliten wirkt, von der Masse der Erde abhängt, gilt das auch für seine Umlaufgeschwindigkeit. Je höher die Geschwindigkeit des Satelliten, desto größer die Masse, die erforderlich ist, um ihn auf seiner Umlaufbahn zu halten. Dasselbe gilt für Planeten, die um die Sonne, oder Sterne, die um das Zentrum der Galaxie kreisen.

Die Idee einer unsichtbaren Materie ist im Lauf der letzten 100 Jahre schon mehrmals aufgekommen. In den 1930er-Jahren bemerkte der Astronom Fritz Zwicky, dass die Geschwindigkeiten ganzer Galaxien in Galaxienhaufen viel zu hoch war, um sich durch die leuchtende Masse – also Sterne – innerhalb des Haufens erklären zu lassen, und um das Defizit zu beheben, schlug er die Existenz von *dunkler Materie* vor. Vorläufig ist dunkle Materie, nun, einfach Materie, die kein Licht emittiert. Zwickys Vorschlag wurde nicht ernst genommen, bis Vera Rubin 40 Jahre später feststellte, dass die Geschwindigkeiten von Sternen, deren Orbit am Rand von Galaxien lag, zu groß waren, um sie durch die leuchtende Materie innerhalb der Galaxien erklären zu können. Diese «Randsterne» müssten eigentlich in den intergalaktischen Raum hinausfliegen.

Die von Rubin und ihrem Team durchgeführten Messungen waren eindeutig. Mithilfe der Dopplerverschiebung lassen sich die Geschwindigkeiten von Sternen, die um das Zentrum ihrer Galaxie kreisen, leicht bestimmen. Inzwischen sind solche Messungen an Tausenden von Galaxien und Haufen durchgeführt worden, und die Ergebnisse sind immer dieselben: Der größte Teil der Materie im Universum ist unsichtbar. Wie es aussieht, sind fast 85 Prozent der Materie im Universum dunkel.

So viel ist so gut wie hieb- und stichfest, und die Nach-Vortrags-Frage lautet einfach: Woraus besteht dunkle Materie? Die Antwort darauf ist ebenso einfach: Wir haben keinen blassen Schimmer. Jeder, der etwas anderes behauptet, ist entweder Vertriebler oder Politiker, aber kein Naturwissenschaftler.

Fast alles, was nicht leuchtet, wurde schon als Kandidat für die dunkle Materie vorgeschlagen. Es gibt so viele Anwärter, dass dieses kleine Buch sie nicht alle diskutieren kann – oder überhaupt irgendeinen von ihnen, denn alle Kandidaten, die noch nicht ausgeschlossen wurden, sind bislang nicht gefunden worden.

•

Zwei natürliche Kandidaten für dunkle Materie wären Schwarze Löcher, die per Definition kein Licht abstrahlen, und ihre Vettern, Neutronensterne. Oder vielleicht «Braune Zwerge», auch «gescheiterte Sterne» genannt, die, sagen wir, mehrere Dutzend Male massereicher sind als der Planet Jupiter. Braune Zwerge leuchten nur schwach, weil sie nicht massereich genug sind, um Kernprozesse in Gang zu setzen. Oder vielleicht besteht Jupiter selbst – bestehen viele Jupiter – zum Teil aus dunkler Materie. Astronomen bezeichnen solche Körper kollektiv als MACHOs – *massive astrophysical compact halo objects* (massereiche, astrophysikalische, kompakte Halo-Objekte). Leider sind MACHOs als Kandidaten für dunkle Materie aus guten Gründen bereits ausgeschieden.

Wie in Kapitel 3 diskutiert, verlangt die Allgemeine Relativitätstheorie, dass massereiche Körper Licht ablenken. Genauso, wie Licht durch eine gewöhnliche Linse abgelenkt wird, bringt auch ein Stern, ein Schwarzes Loch oder eine Galaxie alles Licht von seiner ursprünglichen Bahn ab. Das Ergebnis eines solchen *Gravitationslinseneffekts* ist, dass das Bild eines astronomischen Körpers hinter der Massenlinse verschoben oder verzerrt erscheint. Inzwischen ist der Gravitationslinseneffekt ein wohletabliertes Phänomen, und vom Hubble-Teleskop und anderen modernen Teleskopen sind viele spektakuläre Bilder aufgenommen worden.

Da die Milchstraße rotiert, drehen sich die MACHOs am Rand der Galaxie mit ihr. Wenn Licht einer extragalaktischen Quelle, wie eines sehr hellen Sterns, nah an einem MACHO vorbeiwandert, der als Gravitationslinse fungiert, würde man ein leichtes Funkeln des Sterns sehen, sobald sich das MACHO vor ihn bewegt. Statistische Analysen vieler Sterne in der

Milchstraße und in den Magellanschen Wolken haben jedoch keine überzeugenden Hinweise auf einen solchen Gravitationslinseneffekt durch MACHOs gefunden.

Ein noch triftigerer Grund zum Ausschluss von MACHOs ist die primordiale Nukleosynthese. Was auch immer MACHOs sein mögen, sie bestehen aus gewöhnlicher baryonischer Materie (Neutronen und Protonen), die vermutlich zur Zeit der Nukleosynthese bereits präsent war. Eine Zunahme der Baryonendichte würde die Kernreaktionsraten, bei denen sich im Rahmen der Nukleosynthese Helium bildet, ansteigen lassen, was zu mehr Helium führen würde. Die Häufigkeit von Helium, die Astronomen heute beobachten, wurde erzeugt, als die Baryonendichte der *leuchtenden* Materie des Universums entsprach. Wenn es tatsächlich fünf oder sechs Mal mehr dunkle Materie gibt, kann sie einfach nicht in den Baryonen stecken; dann wäre während des Urknalls viel zu viel Helium produziert worden. Das ist ein perfektes Beispiel dafür, wie verschiedene Aspekte einer naturwissenschaftlichen Theorie sich gegenseitig stützen.

Zudem ergibt eine detaillierte Analyse der Verwerfungen der CMBR, die in Kapitel 10 näher besprochen wird, dasselbe Verhältnis von dunkler Materie zu Baryonen, wie es die Nukleosynthese tut. Was auch immer dunkle Materie ist, sie ist nicht der Stoff, aus dem wir gemacht sind.

●

Der nächste natürliche Kandidat für dunkle Materie sind Neutrinos. Photonen, also Lichtteilchen, übermitteln die elektromagnetische Kraft. Neutrinos werden in Situationen erzeugt, in denen die schwache Kraft eine Rolle spielt. Sie sind keine Lichtteilchen, haben jedoch eine geringe Masse. Mehr als ein halbes Jahrhundert lang nahmen Physiker sogar an, Neutrinos besäßen wie Photonen keinerlei Masse, was sie natürlich als Kandidaten für dunkle Materie ausschließen würde.

Ab 1998 wandelte sich diese Sicht allmählich. Experimente in Japans Neutrinodetektor Super-Kamiokande ergaben, dass die drei in Kapitel 6 erwähnten Neutrino-Flavors durch Oszillationen sich kontinuierlich ineinander umwandeln. Solche Oszillationen sind den Schwebungen analog, die Sie hören, wenn Sie einen Ton auf dem Klavier anschlagen und die Saiten ein wenig verstimmt sind. So wie die Tonhöhe der Schwebung durch die Differenz zwischen den Frequenzen der einzelnen Töne gegeben ist, hängt die Rate der Neutrino-Oszillationen von der Differenz zwischen den Massen der Neutrino-Flavors ab. Wären die Massen gleich null, gäbe es keine Oszillationen.

Da Neutrinos tatsächlich oszillieren, wissen wir, dass sie eine Masse haben. Aber da Neutrinos so schwer fassbare Teilchen sind, bereitet die genaue Bestimmung dieser Masse experimentellen Physikern seit Jahrzehnten Kopfzerbrechen. Die Oszillationsexperimente zeigen einen winzigen Massenunterschied, der für eine ebenfalls winzige Masse spricht, und Experimente, die auf einen direkteren Nachweis der Masse abzielen, sprechen dafür, dass die Masse eines Neutrinos wenigstens eine halbe Million Mal kleiner sein muss als die Masse eines Elektrons, das ja schon das kleinste aller bekannten Teilchen ist. Damit ist die maximale Masse eines Neutrinos wenigstens zwei Milliarden Mal kleiner als die Masse eines Protons oder Neutrons. Messungen der CMBR-Verwerfungen durch den

Planck-Satelliten sprechen sogar dafür, dass die Neutrino-Masse noch kleiner sein sollte.

Daher ist die Neutrino-Masse selbst im optimistischsten Szenario unglaublich klein. Andererseits kommen auf jedes Baryon rund eine Milliarde Photonen. Und da die Neutrinozahl die der Baryonen um mehr oder weniger denselben Faktor (tatsächlich etwas weniger) übertrifft, wissen wir, dass die Gesamtmasse, die in den Neutrinos steckt, durchaus einen Bruchteil der Masse ausmachen könnte, die in den Baryonen steckt. In den 2020er-Jahren ist es schwierig, sich überhaupt einer Sache sicher zu sein, doch es ist unwahrscheinlich, dass Neutrinos mehr als einen kleinen Prozentsatz der dunklen Materie erklären können.

In der Physik gibt es immer ein «Aber». In diesem Fall gibt es möglicherweise einen vierten Neutrinotyp, der nicht mit den anderen oszilliert und eine größere Masse haben könnte. Ein solches Neutrino wird als *steriles* Neutrino bezeichnet. Weil die Indizienlage für sterile Neutrinos gegenwärtig jedoch nicht schlüssig ist, will ich nicht näher darauf eingehen.

•

Über Jahrzehnte galten als aussichtsreichste Kandidaten für dunkle Materie die sogenannten WIMPs (*weakly interacting massive particles*, «schwach wechselwirkende massereiche Teilchen»), passende Gegenspieler zu den MACHOS, weil *wimp* auch «Schwächling» bedeutet. Wie Neutrinos wechselwirken WIMPs nicht elektromagnetisch – anders gesagt, sie nehmen Licht weder auf noch geben sie es ab –, also könnten sie durchaus dunkle Materie sind. Vermutet wird, dass sie massereich sind, etwa 10- oder 1000-fach massereicher als ein Neutron oder Proton, und daher können sie mit gewöhnlicher Materie per Gravitation oder durch direkte Stöße wechselwirken. Eine Schwäche des Vorschlags ist, dass WIMPs vollkommen hypothetisch sind.

Seit mehr als 20 Jahren wird nach WIMPs gesucht. In der Regel besteht ein WIMP-Detektor aus einem tiefgekühlten Tank mit Argon- oder Xenon-Gas. Ein WIMP kollidiert mit einem Xenon-Atom, was dazu führt, dass das Atom einen schwachen Lichtblitz aussendet, der von Sensoren rund um den Tank aufgefangen wird. Dabei gibt es hauptsächlich zwei Schwierigkeiten. Erstens ist ein WIMP nicht das einzige Teilchen, das Zusammenstöße verursachen kann; kosmische Strahlung oder Teilchen, die beim Zerfall radioaktiver Elemente in der Nähe frei werden, können das ebenfalls, und solche «falsch-positiven» Ergebnisse muss man ausschließen. Daher liegen alle WIMP-Detektoren tief unter der Erde, gewöhnlich in alten Minen, um solche unerwünschten Störungen fernzuhalten. Die zweite Schwierigkeit ist, dass niemand wirklich eine Ahnung hat, wonach wir eigentlich suchen, was es zu einer echten Herausforderung macht, ein Experiment zu entwerfen, bei dem der Schuldige mit Sicherheit in die Falle geht.

Bislang ist die WIMP-Jagd erfolglos geblieben. Im Jahr 2020 gab es große Aufregung, als das Team des XENONIT-Detektors in Italien dachte, man habe möglicherweise ein *Axion* entdeckt.

Axione werden von vielen als die letzte große Hoffnung für die dunkle Materie angesehen. Benannt nach einem Geschirrspülmittel, wurde das Axion in den 1970er-Jahren von Teilchenphysikern eingeführt, um rätselhafte Aspekte der starken Kraft zu erklären – vor allem, warum das Neutron als Ganzes neutral erscheint, obwohl seine Bestandteile, die Quarks, geladen sind. Man nimmt an, dass das Axion außerordentlich leicht ist, noch leichter als das Neutrino, doch in manchen Szenarien des frühen Universums würden so viele Axions produziert, dass sie die erforderliche Menge an dunkler Materie liefern könnten. Solche Szenarien sind jedoch ihrerseits spekulativ, und da alles, was man als Autor über sie sagen kann, letzten Endes wahrscheinlich inkorrekt ist, sollten wir es dabei belassen.

•

Bei so vielen negativen Ergebnissen und so vielen Vermutungen wäre es überraschend, wenn sich Wissenschaftlerinnen und Wissenschaftler nicht Alternativtheorien ausgedacht hätten, die mit der Dunkle-Materie-Theorie konkurrieren. Eine Handvoll Kosmologen lehnt die Idee einer dunklen Materie zum Beispiel gänzlich ab und schlägt stattdessen vor, das Newtonsche Gesetz der Gravitation zu modifizieren. Am Rand von Galaxien scheint die Schwerkraft zu schwach zu sein, um Sterne auf ihrer Umlaufbahn zu halten. Newtons Gravitationsgesetz ist tatsächlich nie über so große Entfernungen getestet worden, warum also die Gravitation dort draußen nicht einfach stärker machen? Solche Strategien sind unter dem Begriff MOND, modifizierte newtonsche Dynamik, in Umlauf.

Natürlich kann man Newtons Gravitationsgesetz umschreiben, um dem Verhalten von Sternen am Rand von Galaxien Rechnung zu tragen, doch dazu muss man einen bestimmten Abstand einführen, jenseits dessen die Gravitation stärker ist, als Newton ihr zugestand. Diese Länge wäre jedoch eine neue

Naturkonstante, analog der Lichtgeschwindigkeit oder der Masse des Elektrons. Physiker tun so etwas nur höchst ungern. Da das Newtonsche Gravitationsgesetz zudem die «Alltagsnäherung» für die Allgemeine Relativitätstheorie ist, erfordert jede MOND-Theorie eine Modifikation der Allgemeinen Relativität selbst. Derartige Versuche sind unternommen worden, doch gegenwärtig sieht es so aus, als vertrügen sich ihre Ergebnisse nicht mit den Beobachtungen. Man darf wohl sagen, dass die meisten Kosmologen MOND-Theorien mit deutlich mehr Skepsis betrachten als die dunkle Materie.

•

Nach der Lektüre dieses Kapitels haben Sie vielleicht den Eindruck, es sei darin mehr um Teilchen gegangen als um Kosmologie. In gewissem Sinne ist das genau der Punkt. Das Universum hat sich als Arena exotischer Phänomene erwiesen, und in unseren Zeiten kann man die Kosmologie nicht von der Physik der Elementarteilchen trennen. Allgemeine Relativitätstheorie, Kernphysik, Elementarteilchenphysik und noch vieles mehr sind eng miteinander verwoben worden, um unser gegenwärtiges Bild des Universums zu schaffen, und die verschiedenen Stränge lassen sich nicht voneinander lösen. Man sollte sich klarmachen, dass sich jeder neue Vorschlag in der Physik gegen 400 Jahre an Experimenten und Beobachtungen behaupten muss und die Natur sich unweigerlich immer als schlauer erweist, als wir es sind.

Haben Sie die dunkle Energie vergessen?

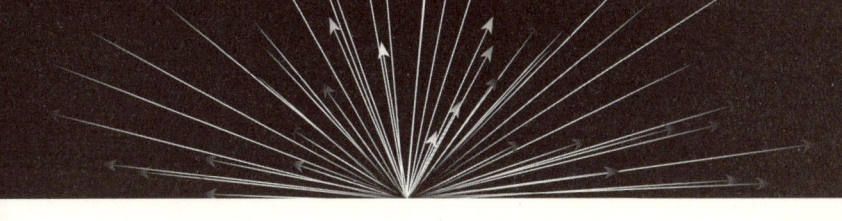

Kapitel 8
Das noch dunklere Universum

Nein, ich habe die dunkle Energie nicht vergessen.

Wenn es schon ernüchternd ist zu erkennen, dass die Materie, aus der wir bestehen, nur einen kleinen Teil der Materie ausmacht, aus der das Universum besteht, so ist es noch ernüchternder, sich klarzumachen, dass der größte Teil des Universums möglicherweise überhaupt nicht aus Materie besteht. In den letzten zwanzig Jahren hat die Mehrheit der Astronomen und Kosmologen akzeptiert, dass der weitaus größte Teil des Universums aus *dunkler Energie* besteht. Der Begriff ist eigentlich nur ein Etikett; wir haben keine Ahnung, was dunkle Energie ist, außer dass sie eben keine Materie ist und etwa 70 Prozent des Energiegehalts des Universums ausmacht.

Vielleicht sollte dieses Kapitel auch schon an dieser Stelle enden. Aber um zu verstehen, warum die meisten Kosmologen an die Existenz dunkler Energie glauben, müssen wir akzeptieren, dass das in Kapitel 4 vorgestellte Hubble-Gesetz nicht stimmt. Es besagt, die Beziehung zwischen Geschwindigkeit und Entfernung weit entfernter Galaxien könne durch eine gerade Linie dargestellt werden. Das kann aber nur dann wahr sein, wenn das Universum seit jeher mit einer konstanten Geschwindigkeit expandiert. In diesem Fall ist die Hubble-Konstante H eine echte Konstante und das Hubble-Gesetz gilt: $v = Hd$.

Andererseits würde man naiverweise erwarten, dass die Anziehungskraft, die die Galaxien aufeinander ausüben, die Expansion des Universums verlangsamt. In diesem Fall müssten sich die am weitesten entfernten Galaxien (deren heute sichtbares Licht aus der Frühphase des Universums stammt) schneller entfernen, als es das Hubble-Gesetz vorschreibt. Das Ergebnis ist, dass die tatsächliche Kurve dem im folgenden Diagramm gezeigten Verlauf für ein sich verlangsamendes Universum ähneln sollte.

Im Jahr 1998 wurde die weltweite Kosmologen-Gemeinschaft, um es gelinde auszudrücken, erschüttert, als zwei Forschungsgruppen, das Supernova Cosmology Project und das High-Z Supernova Research Team, unabhängig voneinander bekannt gaben, dass sich die Expansion des Universums nicht verlangsamte, sondern an Fahrt gewann. Ganz offensichtlich beschleunigte sich das Universum. Kosmologen wetteten darauf, dass die Ergebnisse keinen Bestand haben würden, wie die meisten unglaublichen Ergebnisse in der Physik, aber die offensichtliche Vorliebe der rivalisierenden Teams, lieber zu sterben, als zusammenzuarbeiten, verlieh ihren Ergebnissen Glaubwürdigkeit. Bis jetzt haben sie den Test der Zeit überstanden.

Das Vorgehen dieser Forschungsgruppen war konzeptionell einfach. Wie Hubble zeichneten sie die Geschwindigkeit in Abhängigkeit von der Entfernung für viele Galaxien auf und suchten nach Abweichungen von einer geraden Linie. Wie in

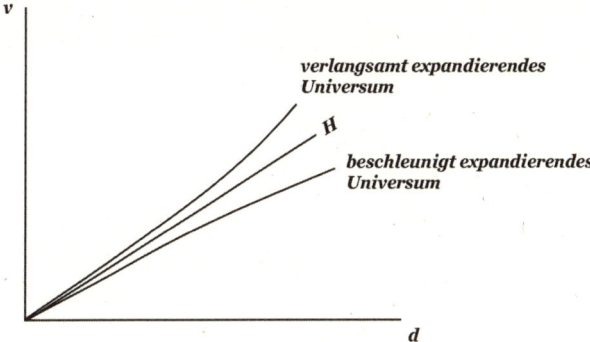

der Grafik zeigen sich solche Abweichungen nicht bei nahen Galaxien, sodass die Teams die galaktischen Entfernungen in einem großen Teil des beobachtbaren Universums vermessen mussten.

Der Schlüssel, um die notorisch schwierigen Entfernungsmessungen glaubwürdig zu machen, war das Auffinden einer *Standardkerze*. Wie wir aus dem Alltag wissen, erscheint eine Glühbirne umso schwächer, je weiter sie entfernt ist. Konkret nimmt die scheinbare Helligkeit einer Glühbirne mit dem Quadrat ihrer Entfernung ab: Verdoppelt sich die Entfernung, nimmt die Helligkeit um das Vierfache ab, vervierfacht sich die Entfernung, nimmt die Helligkeit um das Sechzehnfache ab und so weiter.

Wenn wir zwei Glühbirnen sehen und feststellen, dass die eine viermal so hell ist wie die andere, stehen wir vor einem Dilemma: Wir könnten eine 25-Watt- und eine 100-Watt-Glühbirne nebeneinander sehen, aber wir könnten genauso gut zwei 100-Watt-Glühbirnen beobachten, von denen eine doppelt so weit entfernt ist wie die andere. Wenn wir jedoch wissen, dass die beiden Glühbirnen dieselbe Wattzahl haben, dann *muss* die eine doppelt so weit entfernt sein wie die andere. Wenn wir außerdem wissen, dass jede Glühbirne eine Leistung von 100 Watt hat, sagt uns das genau, wie viel Energie sie abgibt. Wenn wir umgekehrt messen, wie viel Energie uns tatsächlich erreicht – die scheinbare Helligkeit –, dann wissen wir, wie weit die Glühbirne entfernt ist.

Eine Standardkerze ist einfach eine Glühbirne, für die wir den Wert kennen. Im Fall der Supernova-Projekte war die Standardkerze eine Typ *Ia Supernova*. Eine Supernova vom Typ Ia entsteht, wenn ein Weißer Zwerg, der einem nahen Begleiter Materie entzogen hat, kollabiert und dabei eine enorme Energiemenge freisetzt. Solche Supernovae sind milliardenfach leuchtkräftiger als unsere Sonne und können einige Tage lang alle anderen Sterne in ihrer Muttergalaxie überstrahlen, sodass sie im ganzen Universum sichtbar sind.

Eine Untersuchung zahlreicher Supernovae des Typs Ia überzeugte die Astronomen, dass sie sich zwar nicht genau als Standardkerze eignen, aber doch so angepasst werden können; im Endeffekt zeigte sich dann im Hubble-Diagramm, dass die Ausdehnung des Universums sich zu beschleunigen scheint.

•

Diese Beschleunigung deutet auf die Existenz einer Kraft hin, die die Galaxien auseinandertreibt. Häufig wird sie als «Antigravitation» bezeichnet, was nicht hilfreich ist. Was auch immer die Kraft ist, sie verhält sich nicht wie die umgekehrte Schwerkraft. Eine Zeit lang wurde die geheimnisvolle Zutat zum Universum auch als «Quintessenz» bezeichnet – Aristoteles' fünftes Element –, ein gelehrter Begriff, der Unwissenheit verschleiert. In jüngerer Zeit hat sie die Bezeichnung «dunkle Energie» bekommen, die nicht viel mehr erklärt und nicht mit der dunklen Materie des vorigen Kapitels verwechselt werden sollte. Die beiden haben in keiner Weise miteinander zu tun. Das eine ist Materie und das andere ist, nun ja, Energie.

Was der dunklen Energie sehr ähnelt, ist Einsteins kosmologische Konstante aus Kapitel 4, das Schummelglied in seinen Feldgleichungen, das er einfügte, um das Universum statisch zu halten. Da Einstein den griechischen Buchstaben Λ (Lambda) zur Kennzeichnung seines Korrekturfaktors verwendete, bezeichnen Kosmologen die dunkle Energie heute oft als «Lambda»-Term in den Gleichungen. Im Gegensatz zur Gravitation ist die kosmologische Konstante tatsächlich konstant und ändert sich nicht, wenn sich das Universum ausdehnt. Im Gegensatz zu einer statischen Kosmologie übt Λ in unserem Universum einen nach außen gerichteten Druck aus, der eine Beschleunigung der Expansion bewirkt.

Wir wissen nicht, wie die kosmologische Konstante entstanden ist. Allgemein vermutet man, dass sie die Vakuumenergie der Raumzeit repräsentiert, die vom Urknall selbst übrig geblieben ist. Der Quantenmechanik zufolge ist das Vakuum nicht leer, sondern kann als ein brodelndes Meer von Energie dargestellt werden. Physiker stellen sich dieses Energiemeer als ein Feld winziger, oszillierender Federn vor, die Photonen, Neutrinos und andere Teilchen darstellen. Sie haben wahrscheinlich schon von der berühmten Heisenbergschen Unschärferelation gehört, die ein Naturgesetz ist. Die Unschärferelation besagt, dass man nicht gleichzeitig sowohl den Ort als auch die Geschwindigkeit eines Teilchens oder einer Feder kennen kann. Die Energie einer Feder hängt von ihrer Dehnung (Ort) und von ihrer Schwingungsfrequenz (Geschwindigkeit) ab. Nach Heisenberg können diese beiden Größen nicht zugleich null sein, sodass die Vakuumfedern immer eine gewisse Energie haben.

Schätzt man die Gesamtenergie dieser *Nullpunktschwingungen* zu Beginn des Universums ab, ergibt sich eine Schwierigkeit: Sie ist mindestens 120 Größenordnungen größer als die heutige dunkle Energie. Da sich diese Energie nicht ändert, bleibt sie 120 Größenordnungen größer als die heutige dunkle Energie. Dies ist das *Problem der kosmologischen Konstante*.

Kosmologen stehen also vor der Wahl: Entweder ist Λ nicht das Ergebnis von Quantenfluktuationen – in diesem Fall hat niemand die geringste Ahnung, wie es entstanden ist – oder man muss einen Mechanismus finden, der sie auf den heute beobachteten Wert senkt, der etwa das Fünfzehnfache der sichtbaren Materiedichte beträgt. Wäre Λ tatsächlich 10^{120} Mal größer als der heutige Wert, könnte das Universum, wie wir es kennen, gar nicht existieren. Es hätte sich viel zu schnell ausgedehnt, als dass sich Galaxien hätten bilden können, und die primordiale Nukleosynthese hätte nie stattgefunden.

Wenn man also glaubt, dass die kosmologische Konstante ursprünglich so groß war, wie einfache Schätzungen vermuten lassen, muss man einen Mechanismus erfinden, um sie beträchtlich und sehr schnell zu verringern. Entsprechende Bemühungen sind im Gange, aber es gibt noch keine etablierte Lösung.

Wie üblich existiert eine dritte Möglichkeit. Kürzlich haben einige Kosmologen bestritten, dass Supernovae vom Typ Ia sich als Standardkerze eignen, und behauptet, die Beobachtungen seien falsch und es gebe gar keine dunkle Energie. Das wäre eine elegante Lösung des Rätsels (man fühlt sich an die Aufregung erinnert, die herrschte, als 2011 die Entdeckung überlichtschneller Neutrinos bekannt gegeben wurde, nur um dann festzustellen, dass es sich um einen Wackelkontakt im Versuchsaufbau gehandelt hatte). Einige Kosmologen haben weitere Gründe, an der dunklen Energie zu zweifeln, aber im Moment sind diese Stimmen in der Minderheit. In der Hoffnung, dass dieses Buch eine längere Lebensdauer hat als die Zeit, die die Tinte zum Trocknen braucht, werde ich mich nicht an der Debatte beteiligen.

Tatsächlich gibt es sogar noch eine weitere Lösungsmöglichkeit. Wenn die kosmologische Konstante so groß wäre, dass sich keine Galaxien bilden könnten, dann könnte es in diesem Universum mit ziemlicher Sicherheit kein Leben geben. Allein die Tatsache, dass wir hier diese Frage stellen, spricht also für eine kleine kosmologische Konstante. Dies ist ein Beispiel für die *anthropische Argumentation*, auf die wir in Kapitel 15 zurückkommen werden.

●

Vielleicht ist Ihnen aufgefallen, dass das Problem der kosmologischen Konstante der Frage ähnelt, die durch das mysteriöse Photon-Baryon-Verhältnis von 1 Milliarde zu 1 aufgeworfen wird, das in Kapitel 6 auftauchte. Beide Probleme verlangen nach einer Erklärung für die Größe einer Zahl, für deren tatsächliche Größe es keinen offensichtlichen Grund gibt. Vielleicht haben Sie auch das Gefühl, dass diese Art von Rätsel von ganz anderer Natur ist als beispielsweise der Versuch, den Wert der Hubble-Konstante zu bestimmen, was eine reine Beobachtungsfrage ist.

Damit liegen Sie richtig. Die Probleme mit dem Photon-

Baryon-Verhältnis und der kosmologischen Konstante sind eher ein *Warum*-Rätsel als ein *Wie*-Problem. Traditionell heißt es, dass sich die Wissenschaft mit dem Wie und nicht mit dem Warum befasst, aber im Laufe des letzten Jahrhunderts, als die Kluft zwischen Beobachtung und Theorie immer größer wurde, hat sich der Stil der theoretischen Physik zum Warum hin verlagert.

Solche Fragen betreffen immer etwas, das Physiker als dimensionslose Zahlen bezeichnen. Wie in Kapitel 6 kurz erwähnt, ist es immer am besten, Größen als Verhältniszahlen auszudrücken. Die Behauptung, ein bestimmter Präsidentschaftskandidat habe die Wahl mit 9 870 325 Stimmen gewonnen, ist so gut wie bedeutungslos. Aussagekräftig wird es erst, wenn man herausfindet, dass die 9 870 325 Stimmen 87 Prozent der abgegebenen Stimmzettel ausmachen, und dann möchte man das Ergebnis vielleicht anfechten. Eine dimensionslose Zahl ist lediglich ein Verhältnis, bei dem sich die Einheiten – für Physiker: die Dimensionen – aufheben und eine «reine» Zahl übrig bleibt. Die Dichte von Blei beträgt etwa 11 Gramm pro Kubikzentimeter oder 4 Pfund pro Kubikzoll. Diese Zahlen sehen sehr unterschiedlich aus und sagen uns nicht viel. Andererseits ist die Dichte von Blei – im englischen System, im metrischen System oder im Irgendwas-System – etwa elfmal so hoch wie die Dichte von Wasser. Das ist eine dimensionslose Zahl. Jetzt vergleichen wir Äpfel mit Äpfeln oder Pfannkuchen mit Pfannkuchen.

Das Photon-Baryon-Verhältnis von 1 Milliarde zu 1 und eine kosmologische Konstante, die um 120 Größenordnungen größer ist als der Gehalt an dunkler Energie im Universum, sind dimensionslose Zahlen. Wenn man die elektrostatische Kraft zwischen zwei Protonen als 10^{36} Mal größer als die Gravitationskraft zwischen zwei Protonen beschreibt, benutzt man eine dimensionslose Zahl.

Fragt man, *warum* diese Zahlen so groß sind, wie sie sind, provoziert man als Antwort «Weil es eben so ist». Man sollte diese Reaktion nicht von vornherein abtun. Andererseits sind Physiker der Meinung, dass alle dimensionslosen Zahlen «natürlicherweise» ungefähr gleich groß sein, am besten nahe bei 1 liegen sollten. Falls eine bestimmte Zahl um Größenordnungen größer oder kleiner ist als alle anderen, ist das ein Beispiel für eine Feinabstimmung (Finetuning) des Universums auf den beobachtbaren Zustand. Besser sucht man nach einem Grund dafür, dass dimensionslose Zahlen so groß sind, wie sie sind.

In der Geschichte der Physik ist das *Warum* oft genug zum *Wie* geworden. Dass viele Kosmologen das Rätsel der kosmologischen Konstante als «wichtigstes Problem der Kosmologie» bezeichnen, zeigt, wie ernst sie solche Fragen nehmen.

Sind Feinabstimmungsprobleme real oder philosophisch?

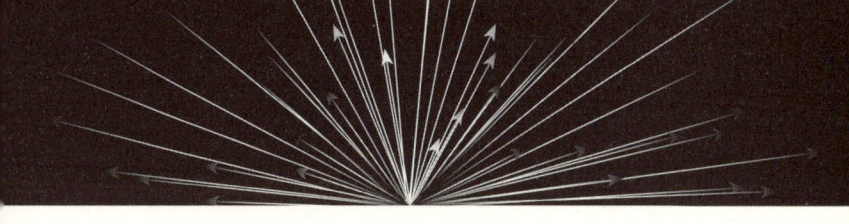

Kapitel 9
Galaxien existieren und wir auch

Andere Fragen verlangen vordringlich Aufmerksamkeit. Das in Kapitel 5 beschriebene kosmologische Prinzip besagt, dass das Universum gleichförmig sein sollte, wenn man es auf ausreichend großen Längenskalen betrachtet. Der Vorbehalt «ausreichend groß» ist mit Absicht und aus Bequemlichkeit vage gehalten, aber im Namen der Einfachheit, wenn nicht gar aus philosophischen Gründen, gingen die meisten kosmologischen Berechnungen des 20. Jahrhunderts davon aus, dass das Universum absolut gleichförmig ist. Die Berechnungen der primordialen Nukleosynthese sind dafür ein klassisches Beispiel. Doch das Universum ist nicht gleichförmig. Weder im Kleinen noch im Großen. Wahrscheinlich haben Sie schon einmal Computersimulationen der großräumigen Struktur des Universums gesehen, wie die Abbildung mit den langen verflochtenen Linien auf Seite 112 oben, die an das Innere einer Lunge oder ein Jackson-Pollack-Gemälde erinnern.

Diese Linien stellen *Galaxien-Superhaufen* dar, die größten Strukturen im beobachtbaren Universum. Superhaufen können Hunderttausende von Galaxien umfassen und sich über Hunderte Millionen Lichtjahre erstrecken. Die Milch-

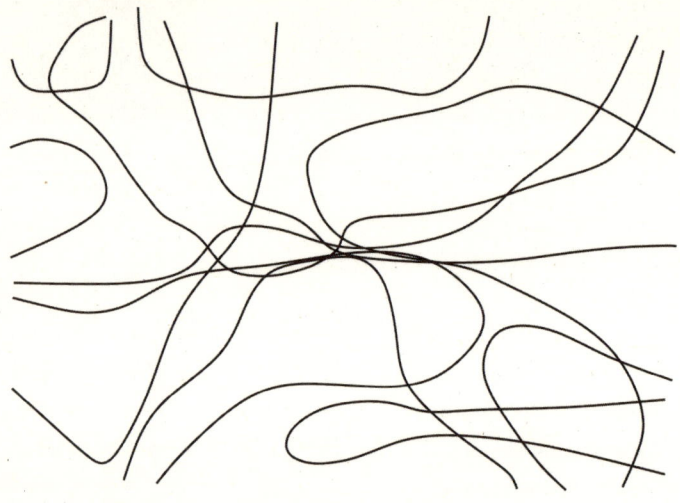

straße ist so klein, dass sie in dieser Skizze gar nicht sichtbar ist.

Da man nicht sagen kann, die Superhaufen seien in einem strengen mathematischen Sinne zufällig verteilt, stellt sich unweigerlich die Frage: Wie ist die großräumige Struktur des Universums zustande gekommen? Wenn das kosmologische Prinzip exakt zuträfe, würde ein solches Netz nicht existieren, und wir erst recht nicht. Die Tatsache einer unregelmäßigen Materieverteilung im Universum erfordert, dass das homogene Urknall-Modell so modifiziert wird, dass das Universum, wie homogen es auch begonnen haben mag, sich schnell veränderte. Mehr noch, das Standardmodell muss nun zu einem Modell werden, in dem gewöhnliche Materie und Strahlung der dunklen Materie und der dunklen Energie weichen.

•

Das Bestreben, die großräumige Struktur des Universums zu verstehen, stand in den letzten vier Jahrzehnten vermutlich im Zentrum der kosmologischen Forschung. Der Schlüssel zu diesen Bemühungen ist die kosmische Mikrowellenhintergrundstrahlung (CMBR). Obwohl diese Strahlung drei Jahrzehnte lang nach ihrer Entdeckung völlig gleichförmig erschien, wussten die Kosmologen, dass die Galaxien, wie wir sie kennen, zur gleichen Zeit entstanden sein müssen wie der beobachtete Hintergrund, also 380 000 Jahre nach dem Urknall, und dass ihre Entstehung schwache Spuren im Hintergrund hinterlassen haben muss.

Als diese Spuren schließlich 1992 von COBE entdeckt wurden, gerieten die Boulevardpresse und viele prominente Kosmologen in helle Aufregung und verkündeten die Entdeckung der «Fingerabdrücke Gottes». Das COBE-Team ließ zwar die Champagnerkorken knallen, aber die Kosmologen wussten, dass die Situation interessanter gewesen wäre, wenn die Beobachtungen nichts ergeben hätten. Die Physik gedeiht, wenn Theorien und Beobachtungen sich widersprechen – irgendetwas irgendwo nicht stimmt. In diesem Fall hatten die Beobachtungen die theoretischen Vorhersagen lediglich bestätigt.

Die Theorie der Galaxienentstehung, was ich als Abkürzung für «Bildung von Strukturen im großen Maßstab» verwende, ist vielleicht das beste Beispiel für die Einheit der Kosmologie: Es zeigt, wie Präzisionsbeobachtung, Teilchenphysik und mathematische Überlegungen zu einem überzeugenden Bild unseres Universums führen.

•

Ganz simpel gesagt, geht es beim Prozess der Galaxienbildung um den Widerstreit zwischen Gravitation und Ausdehnung. Die Schwerkraft versucht, die Materie zu Strukturen zu verklumpen; die Expansion des Universums versucht, dies zu verhindern. Wer, oder was, gewinnt?

Um diese Frage überzeugend beantworten zu können, sollten wir zunächst über Schall sprechen. Und bei Schall sollten wir an Gallien denken. Wie ganz Gallien ist auch die Physik in drei Teile gegliedert: Teilchen, Federn und Wellen. Für einen Physiker ist alles, was kein Teilchen ist, ein harmonischer Oszillator, sprich eine elastische Feder, und alles, was keins von beiden ist, muss eine Welle sein. Die Newtonsche Physik ist die Physik der Teilchen, und in den modernen Feldtheorien geht es um die Physik der Federn und Wellen (die Diskussion der Vakuumenergie in Kapitel 8 ist dafür ein gutes Beispiel). Ein echter Physiker reduziert jedes Problem schnell auf ein Problem, bei dem es um Federn geht, wenn nötig um Wellen, oder, wenn es um die Entstehung von Galaxien geht, um Schallwellen und Lichtfedern.

Eine Schallwelle ist, wie jede andere Welle außer Licht, eine Störung, die sich durch ein Medium – sagen wir Luft – bewegt. Die Membran eines Lautsprechers schwingt. Die Schwingungen des Lautsprechers komprimieren abwechselnd die Luft vor ihm und lassen sie sich ausdehnen – oder verdünnen, wie Physiker sagen. Tatsächlich wird ein kleines Luftpaket so lange komprimiert, bis der Luftdruck innerhalb des Pakets so stark angestiegen ist, dass eine weitere Kompression nicht mehr möglich ist. Wenn der Druck des Luftpakets unter den Druck der Umgebungsluft gesunken ist, drückt die Umgebungsluft das Paket erneut zusammen. Luft wirkt wie eine Feder.

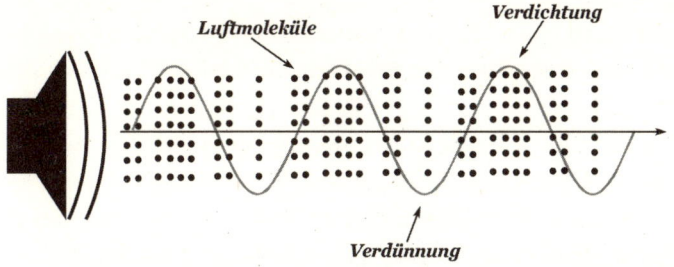

Der Lautsprecher hat also eine Reihe von Schwingungen ausgelöst, die sich im Raum ausbreiten. Diese Schwingungen bilden die Schallwelle, die sich mit einer Geschwindigkeit ausbreitet, welche von Dichte und Druck der Umgebungsluft abhängt (siehe Abbildung oben). In einem typischen Innenraum beträgt die Schallgeschwindigkeit etwa 340 Meter pro Sekunde. Je steifer das Material, desto höher die Schallgeschwindigkeit. Die Schallgeschwindigkeit in Stahl beträgt knapp sechs Kilometer pro Sekunde und ist damit 17 Mal höher als in Luft.

Bei einer einfachen Schallwelle oszilliert der Luftdruck bzw. die Dichte zwischen hoch und niedrig nach dem Muster einer klassischen Sinuswelle, wie in der Abbildung dargestellt. Der Abstand zwischen zwei benachbarten Druckmaxima oder -minima ist die Wellenlänge der Störung, die bei hörbaren Frequenzen im Meterbereich liegt.[14]

Begeben wir uns nun ins Freie. Die Erdatmosphäre ist ein großer Raum, der unter seinem eigenen Gewicht zusammenbrechen würde, würde der Luftdruck nicht der Schwerkraft entgegenwirken. In der realen Atmosphäre reicht der Luftdruck aus, um dies zu verhindern. Wenn eine hohe Luftsäule in

---

14 Siehe Fußnote Seite 67

der Atmosphäre ein wenig zusammengedrückt wird, baut sich der Druck auf und zwingt die Säule, sich wieder auszudehnen, genau wie in Innenräumen. Sie dehnt sich so lange aus, bis der Druck in der Säule unter den Umgebungsdruck fällt, wodurch die Säule gezwungen wird, sich wieder zu komprimieren. Physiker sagen, dass die Atmosphäre gegen den Gravitationskollaps stabil ist und lediglich «akustische Oszillationen» durchläuft – ein schicker Begriff für Schallwellen.

Aber nehmen wir einmal an, die Atmosphäre wäre tausendmal so hoch wie der Durchmesser der Erde. In diesem Fall wäre ihr Gewicht größer, als der Luftdruck tragen könnte, und sie würde unter der Schwerkraft zusammenbrechen, ohne zu schwingen.

•

Eine analoge Situation gab es im frühen Universum. Wenn die Ursuppe kurz nach dem Urknall gleichmäßig im Universum verteilt war, dann führte die Anziehungskraft der Materie dazu, dass sie zu verklumpen begann. Luftdruck gab es im frühen Universum nicht, aber Lichtdruck schon. In Kapitel 5 haben wir gesehen, dass Photonen vor der Ära der Rekombination nicht weit kamen, bevor sie mit Elektronen zusammenstießen. Photonen, die auf Materie treffen, üben einen Druck auf sie aus, den gleichen Druck, der es Raumschiffen mit Sonnensegeln ermöglichen könnte, mit dem Druck des Sonnenlichts im Sonnensystem zu kreuzen. Dieser Druck wirkt der Tendenz der Materie entgegen, unter ihrem eigenen Gewicht zu kollabieren, und es entstehen akustische Schwingungen, genau wie Schallwellen in der Luft.

Der erste große Unterschied zwischen Luft in einem Innenraum und Licht im frühen Universum besteht darin, dass die Ursuppe viel fester als Luft war. Stahl, der steifer als Luft ist, mag eine 17 Mal höhere Schallgeschwindigkeit haben, aber die Schallgeschwindigkeit im frühen Universum betrug fast 60 Prozent der Lichtgeschwindigkeit (für Genauigkeitsfanatiker: $c/\sqrt{3}$). Folglich war das ursprüngliche Baumaterial so fest, dass die kleinste Struktur, die hätte kollabieren können, massiver war als ein Superhaufen von Galaxien, der eine sichtbare Masse von etwa 10^{16} Sonnenmassen hat. Mit anderen Worten: Im sehr frühen Universum haben sich keine Strukturen gebildet.

Allerdings ist zu bedenken, dass die CMBR während der Rekombination entstand, als sich neutrale Atome bildeten und die Photonen nicht mehr auf Materieteilchen trafen. Das ist gleichbedeutend mit der Feststellung, dass der Lichtdruck auf die Materie fast auf null gesunken war, was zur Folge hatte, dass die Ursuppe stark an Festigkeit verlor. Infolgedessen konnten viel kleinere Strukturen kollabieren – und zwar Strukturen von etwa 10^5 Sonnenmassen, was weniger als einem Millionstel der Masse der Milchstraße und etwa der Masse eines Kugelhaufens entspricht.

Bevor sich Photonen und Materie bei der Rekombination trennten, wirkten sie im Wesentlichen wie *eine* Suppe, und als die Materie zu verklumpen begann, verklumpten auch die Photonen. Diese winzigen Schwankungen in der Photonendichte äußern sich in leichten Temperaturschwankungen der CMBR. Genau diese Schwankungen sind «Gottes Fingerabdrücke», die von COBE entdeckt, von seinem Nachfolgesatelliten WMAP (Wilkinson Microwave Anisotropy Probe) mit großer Genauigkeit und von Planck mit außerordentlicher Genauigkeit gemessen wurden. Obwohl die Schwankungen nur etwa ein Hunderttausendstel Grad betrugen, waren sie gerade groß genug, um durch Gravitationskollaps Strukturen zu erzeugen, die wir jetzt beobachten. Heute stellt das «Bottom-up»-Kollaps-Szenario das akzeptierte Bild der Galaxienbildung dar: Die kleinsten Strukturen bildeten sich zuerst, und diese verschmolzen allmählich zu größeren Strukturen. Während Sie diesen Satz lesen, bilden sich gerade weitere Superhaufen von Galaxien.

Fehlt etwas in diesem Bild?

Kapitel 10
Das Universum als Pfeifenorgel

Der Analogie zwischen dem Universum und einem Raum, die ich im letzten Kapitel benutzt habe, fehlt etwas Wesentliches: Das Universum dehnt sich aus. Da die Ausdehnung Strukturen auseinanderzieht, wirkt sie dem gravitativen Kollaps entgegen. Das Ergebnis dieses Widerstreits hängt von der genauen Expansionsrate ab, die wiederum davon abhängt, wie viel Materie und andere Bestandteile zur Verfügung stehen.

Da sich Photonen und ebenso die dunkle Energie nicht wie gewöhnliche Materie verhalten, sollte es nicht überraschen, dass die Expansionsrate des Universums nicht nur von der Dichte, sondern auch von der Art des Inhalts abhängt. Ein Universum, das aus sichtbarer oder dunkler Materie besteht (in der Sprache von Kapitel 5: das materiedominiert ist), dehnt sich immer langsamer aus. Ein von Strahlung dominiertes Universum, in dem Photonen oder Neutrinos das Sagen haben, dehnt sich mit einer anderen, immer weiter abnehmenden Geschwindigkeit aus. Ein mit dunkler Energie gefülltes Universum, das von der kosmologischen Konstante beherrscht wird, vergrößert sich mit einer konstanten Expansionsrate. Ein stark gekrümmtes Universum verhält sich wiederum ganz anders.

Da die Expansionsrate so stark von der Zusammensetzung abhängt, könnte man vermuten, dass sich das Ergebnis eines jeden Galaxienbildungsszenarios ändert, wenn man die Proportionen der Zusammensetzung ändert. Das ist richtig. Es ist auch ein Glücksfall, denn es erlaubt den Kosmologen, die meisten denkbaren Vorschläge auszuschließen. Die Frage lautet also: Welches sind die genauen Anteile der Bestandteile, die die Bildung von Galaxien in dem Zeitraum ermöglichen, in dem das Universum existiert?

•

Bei dem Versuch, diese Frage zu beantworten, sollten wir uns wieder der Schallausbreitung zuwenden, insbesondere den Pfeifen einer Orgel. Das Hauptmerkmal einer Kirchenorgel sind ihre Reihen aus Hunderten von Pfeifen unterschiedlicher Länge. Die Länge einer Orgelpfeife bestimmt den Ton, den sie erklingen lässt. Genauer gesagt, bestimmt die Pfeifenlänge genau, welche Wellenlängen oder Frequenzen in der Pfeife schwingen. Orgelpfeifen gibt es in vielen Varianten, aber einige sind im Wesentlichen oben und unten offen. Wenn sich eine Schallwelle durch die Pfeife bewegt und dabei die Luft zusammendrückt und verdünnt, muss der Druck an den offenen Enden gleich dem Umgebungsdruck im Raum bleiben. Dies ist die Voraussetzung dafür, dass die Luft im Rohr schwingen kann. Wie in den folgenden Abbildungen dargestellt, hat die längste Welle, die in einen solchen Hohlraum eingebracht werden kann und diese Anforderung erfüllt, eine Wellenlänge, die doppelt so lang ist wie das Rohr. Das ist der Grundton oder die erste Harmonische – der Ton, den wir hören.

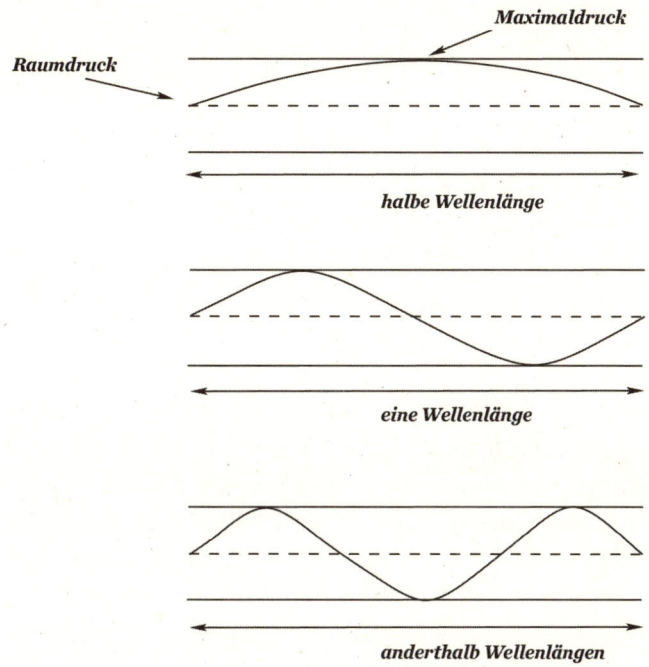

Maximaldruck

Raumdruck

halbe Wellenlänge

eine Wellenlänge

anderthalb Wellenlängen

Eine Welle, deren Wellenlänge genau der Rohrlänge entspricht, erfüllt ebenfalls die Resonanzbedingung. Da ihre Wellenlänge halb so groß ist wie die der Grundwelle, hat sie die doppelte Frequenz. Dieser Ton wird als erster Oberton oder zweite Harmonische bezeichnet. Der dritte Oberton, der mit einer Frequenz schwingt, die dreimal so hoch ist wie die des Grundtons, entsteht ebenfalls, und so weiter. In all diesen Fällen beträgt der Abstand zwischen einem Druckmaximum oder -minimum und dem nächstgelegenen Punkt, der Raumdruck hat, ein Viertel einer Wellenlänge oder ein Viertel einer Schwingung.

Wenn wir die von einer Orgelpfeife erzeugte Schallwelle gra-

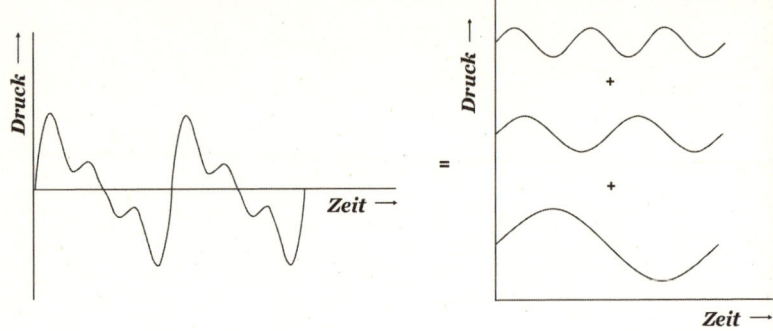

fisch darstellen würden, sähe sie viel komplizierter aus als eine einfache Sinuswelle, aber eine idealisierte Version könnte der Wellenform auf der linken Seite der folgenden Grafik ähneln.

Wie Sie vielleicht wissen, besteht ein von einem Instrument gespielter Ton aus dem Grundton und allen Obertönen, die bei höheren Frequenzen erzeugt werden. Wir können uns also jeden beliebigen Ton als aus dem Grundton und den Obertönen zusammengesetzt vorstellen, wie auf der rechten Seite oben skizziert. Die Intensität des Schalls bei jeder Frequenz bestimmt die Form des ursprünglichen Tons. Die mathematische Methode, mit der ein Ton in seine Obertöne zerlegt wird, nennt man *Spektralanalyse*. Nachdem wir eine Welle in ihre Obertöne zerlegt haben, können wir ein Diagramm wie das folgende erstellen, das den Anteil der Schallenergie bei jeder Frequenz anzeigt. Dies ist ein Schallspektrum – ganz so, wie man es von Licht oder Wärme kennt. Die Abbildung zeigt einen einfachen Fall mit nur drei Obertönen.

Im Grunde ist das Universum eine Pfeifenorgel. Das frühe Universum war sogar die großartigste Orgel, die man sich vorstellen kann. Bedenken Sie, dass die im kosmischen Mikrowel-

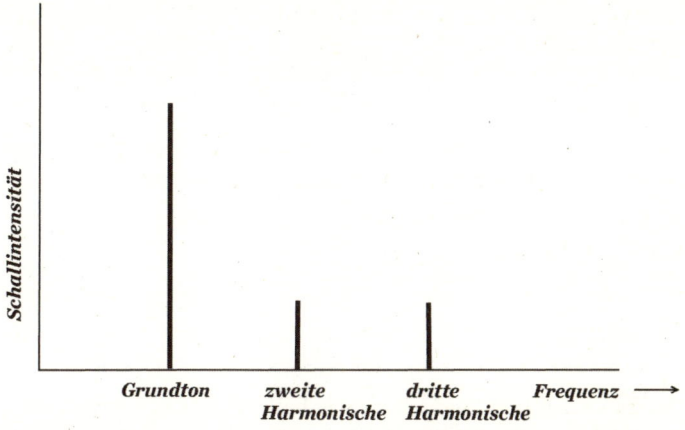

Schallintensität

Grundton zweite dritte Frequenz ⟶
          Harmonische Harmonische

lenhintergrund entdeckten Temperaturschwankungen Stell-
vertreter für Schwankungen der Materiedichte darstellen.
Diese Schwankungen haben nicht alle die gleiche Größe. Die
vom Weltraumteleskop Planck erstellte detaillierte Karte zeigt,
dass einige Schwankungen zu einer höheren Dichte gehören
als andere, sodass sich ein Spektrum von Dichteschwankungen
ergibt, das völlig dem Klangspektrum einer Orgelpfeife entspricht.

Tatsächlich korrespondiert die räumliche Ausdehnung der
Verdichtungsbereiche genau zu den Resonanzfrequenzen des
frühen Universums. Stellen Sie sich vor, dass kurz nach dem
Urknall alle Materie gleichmäßig verteilt ist. Sie beginnt zu
verklumpen, aber der Lichtdruck zwingt die Klumpen zum
Schwingen. Die Schwingungen hören auf, wenn sich die Pho-
tonen bei der Rekombination von der Materie abkoppeln.
In der Orgelpfeife ist das Druckmaximum ein Viertel einer
Schwingung vom «Umgebungsdruck» entfernt, der in diesem
Fall der Lichtdruck des frühen Universums ist. Die «Grund-

schwingung» im frühen Universum ist also diejenige, bei der ein Materieklumpen die Möglichkeit hatte, sich von seinem Ausgangszustand bis zur Rekombination, bei der die Schwingungen aufhören, einmal zu verdichten. Dieser erste Oberton verdichtet sich einmal und dehnt sich einmal aus. Der zweite Oberton komprimiert sich einmal, dehnt sich einmal aus und komprimiert sich noch einmal.

Vielleicht wenden Sie ein, dass eine Orgelpfeife eine physikalische *Länge* hat und ich hier von *Zeit* spreche – der Zeit zwischen Urknall und Rekombination. Aber jedes Zeitintervall entspricht einer Länge. In diesem Fall ist die Länge die Strecke, die der Schall zwischen Urknall und Rekombination zurückgelegt hat. Da die Schallgeschwindigkeit etwa das 0,6-Fache der Lichtgeschwindigkeit betrug, sprechen wir von mehreren Hunderttausend Lichtjahren. Die Grundwellenlänge der Schwingungen ist, wie bei der Orgelpfeife, viermal so lang. Die Wellenlängen der Obertöne sind entsprechend kleiner.

Das Universum hat sich um etwa das Tausendfache ausgedehnt, seit sich diese Schwingungen in die Hintergrundstrahlung eingeprägt haben. Da sich die Wellen mit dem Universum ausdehnen, haben sich die Wellenlängen aller Obertöne um den gleichen Betrag gedehnt, aber sie lassen sich leicht in Abstände übersetzen, wie sie am heutigen Himmel zu sehen sind. Der Grundton sollte bei einer Winkelgröße von etwa einem Grad erscheinen – dem doppelten Durchmesser des Mondes. Die Obertöne sollten bei entsprechend kleineren Winkeln erscheinen.

Das Erstaunlichste ist, dass in einer Reihe von bodengestützten und satellitengestützten Beobachtungen, die sich über mehrere Jahrzehnte erstreckten, die vorhergesagten Obertöne entdeckt worden sind. So lässt sich zum Beispiel die Planck-Karte, die die ursprünglichen Dichteschwankungen zeigt, in ein Tonspektrum zerlegen. Ein Diagramm solcher *baryonischen akustischen Schwingungen* – für die meisten Menschen Schallwellen, für Enthusiasten die «Fingerabdrücke Gottes» – wird in jedem Kosmologie-Seminar gezeigt. Wie in der Abbildung Seite 126 skizziert, stellt der erste Peak den Grundton der Universumsorgel dar, die übrigen Peaks die Obertöne.

Da die Verklumpung von der Expansionsrate des Universums abhängt, die wiederum von seinen Bestandteilen abhängt, sollte dieses Diagramm dies widerspiegeln. Tatsächlich ist das Spektrum der CMBR-Schwankungen zu einem der empfindlichsten Tests aller kosmologischen Modelle geworden.

In einem geschlossenen Universum – das wie die Oberfläche einer Kugel gekrümmt ist – erscheint ein weit entferntes Objekt größer, als es im flachen Raum erschiene. Dies hat den Effekt, dass sich die Spitzen zu größeren Winkeln hin verschieben, in dem Diagramm auf der folgenden Seite nach links. Damit sich die Spitzen genau dort befinden, wo sie beobachtet werden, muss das Universum, soweit man das beurteilen kann, flach sein. Dies ist der Hauptgrund dafür, dass ich in Kapitel 3 erklärt habe, die Geometrie des Universums sei nahezu euklidisch, also flach.

Wenn das Universum flach ist, dann muss die Dichte aller seiner Bestandteile – gewöhnliche Materie, Strahlung, dunkle Materie, dunkle Energie – in der Summe die kritische Dichte ergeben, die im Kapitel 4 besprochen wurde. Das große kosmologische Spiel besteht also darin, mit den Proportionen der Bestandteile des Universums zu jonglieren, bis die beste Übereinstimmung mit der beobachteten Kurve erzielt wird.

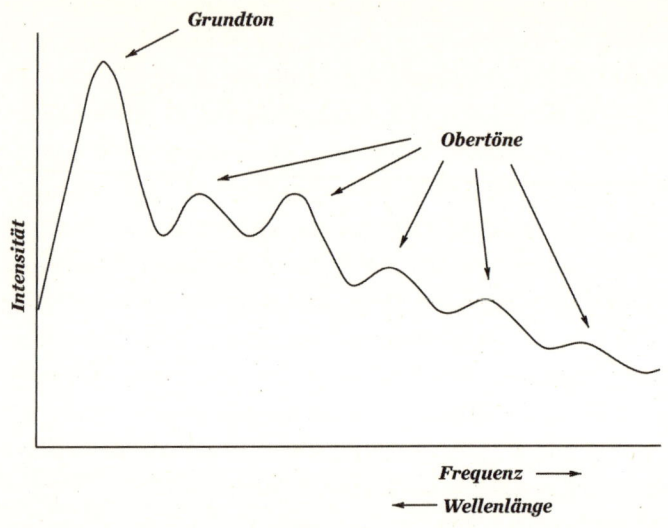

Grundton

Obertöne

Intensität

Frequenz ⟶
⟵ Wellenlänge

Sehen wir uns die baryonische Materie an. Wären Neutronen und Protonen die einzige Materie im Universum, so hätte sie erst zu verklumpen begonnen, als der Lichtdruck auf sie verschwand, also bei der Rekombination. Doch mittlerweile sind Sie davon überzeugt, dass der größte Teil der Materie im Universum dunkel ist, was, genauer gesagt, bedeutet, dass sie in keiner Weise mit Licht wechselwirkt. Folglich hatte der Lichtdruck des frühen Universums keinerlei Auswirkung auf sie, und sie konnte auch nicht an akustischen Schwingungen beteiligt sein.

Die dunkle Materie macht sich durch ihre Schwerkraft bemerkbar und würde daher natürlicherweise verklumpen. Wenn die dunkle Materie aus schweren WIMPs besteht – etwa mit der hundertfachen Masse des Protons –, muss sie fast unmittelbar nach dem Urknall zu verklumpen begonnen haben. Da das Vorhandensein dunkler Materie zu dem Zeitpunkt spürbar wurde, als das Universum von Materie dominiert wurde, wie in Kapitel 5 beschrieben, also vor der Ära der Rekombination, hätte sie Gravitationszentren zur Verfügung gestellt, die das Verklumpen der baryonischen Materie vorantreiben. Eine stärkere Verklumpung führt zu höheren Spitzenwerten im ursprünglichen Schallspektrum.

Nehmen wir stattdessen an, dass die dunkle Materie aus Neutrinos bestand. Dunkle Materie ist dunkle Materie, und in diesem Sinne sind Neutrinos nicht anders als WIMPs, außer dass wir wissen, dass es sie gibt. Neutrinos könnten daher die gleiche Art von gravitativen Keimzellen für Baryonen darstellen, die der Verklumpung einen Vorsprung verschaffen. Andererseits sind Neutrinos im Vergleich zu WIMPs extrem leichte Teilchen, die sich im frühen Universum mit nahezu Lichtgeschwindigkeit bewegten. Das ist viel zu schnell, als dass sie sich durch ihre eigene Schwerkraft verklumpen könnten, es sei denn, es wären so viele wie in einem Superhaufen – in diesem Fall wären die Keimzentren fast so groß wie das Universum selbst und es würden gar keine kleinen Strukturen wie die Kugelhaufen entstehen.

Hochgeschwindigkeits-Teilchen werden als *heiße dunkle Materie* bezeichnet, im Gegensatz zu schweren, langsamen Teilchen wie WIMPS, die als *kalte dunkle Materie* bekannt sind. Im Allgemeinen werden die höheren Obertöne im akustischen Spektrum, die für die Verklumpung bei kleineren Längenskalen stehen, bei heißen Dunkle-Materie-Universen weggewaschen. Da die höheren Obertöne aber vorhanden sind, glauben Kosmologen, dass die dunkle Materie im Universum kalt ist.

Die kosmologische Konstante, der wichtigste Faktor bei der

Bestimmung der Expansionsrate, hat keinen großen Einfluss auf das CMBR-Spektrum. Obwohl sie die Energiedichte der (sichtbaren und dunklen) Materie *heute* «überwiegt», hatte sie im frühen Universum die gleiche Energiedichte wie heute – schließlich ist sie eine Konstante. Die Energiedichten von Materie und Strahlung nehmen dagegen in Richtung Vergangenheit rasch zu und hätten die Energie der kosmologischen Konstante bereits vor einigen Milliarden Jahren überwogen. Die Konstante spielte also bei der Entstehung der CMBR, die noch viel früher stattfand, kaum eine Rolle. Trotzdem sind Kosmologen von ihrem Vorhandensein überzeugt, einmal aufgrund der Beschleunigung der Expansion des Universums, aber auch aus anderen Gründen, die ich bisher nicht erwähnt habe.

Einer dieser Gründe ist der *Gravitationslinseneffekt des kosmischen Mikrowellenhintergrunds*. So wie die MACHOs in Kapitel 7 das Bild jeder Lichtquelle hinter ihnen verzerren würden, wird die Planck-Karte der CMBR durch jede dazwischenliegende Materie – z. B. Superhaufen – verzerrt, die zwischen uns und dem fast 14 Milliarden Lichtjahre entfernten Rand des beobachtbaren Universums liegt, wo die CMBR entstanden ist. Und so wie das Bild, das ein Vergrößerungsglas erzeugt, von dessen Position zwischen Auge und Objekt abhängt, hängt die Verzerrung der CMBR von der Position der linsenbildenden Materie ab. In einem expandierenden Universum hängt diese von allen oben genannten Faktoren ab, einschließlich der kosmologischen Konstanten. Um die Proportionen zu finden, die die beste Näherung für das CMBR-Spektrum ergeben, ist dunkle Energie erforderlich.

Und so kommen wir schließlich zum heutigen kosmologischen Standardmodell, das gewöhnlich mit ΛCDM abgekürzt wird, für Lambda Cold Dark Matter. Der beste Fit für die Kurve erfordert 68,5 Prozent dunkle Energie, 26,7 Prozent dunkle Materie und 4,8 Prozent gewöhnliche Materie – aber nehmen Sie mich nicht beim Wort.

•

So erfolgreich das ΛCDM-Modell auch sein mag, es lässt Fragen offen. Erstens ist es relativ einfach, den Wert der heutigen Hubble-Konstante zu berechnen, wenn man erst einmal alle Zutaten beisammenhat. Leider liegt der Wert, den die Forschenden unter Berücksichtigung der akustischen Baryonenschwingungen und des Gravitationslinseneffekts errechnen, ungefähr bei 67,4 in den von den Astronomen verwendeten Standardeinheiten, während der durch die Supernova-Messungen ermittelte Wert von 73,9 um zehn Prozent davon abweicht.[15] Astronomen verfolgen die Hubble-Konstante mit dem Eifer von Kreuzfahrern, und so kann man sicher sein, dass sie nicht ruhen werden, bis die Frage geklärt ist.

Ist eine zehnprozentige Abweichung wichtig? Die Beobachtung kleiner Abweichungen vom Hubbleschen Gesetz hat immerhin zur Entdeckung der Beschleunigung des Universums geführt. In diesem Fall ist jedoch ein Fehler irgendwo in den bisherigen Messungen und Berechnungen wahrscheinlicher. Schon bald werden die Messungen einen Punkt erreichen – sagen wir, hypothetisch, wo die Diskrepanz nur noch ein

---

15 Astronomen würden 67,4 Kilometer pro Sekunde pro Megaparsec schreiben.

Prozent beträgt –, wo uns weitere Verfeinerungen des Wertes von H nicht zu neuer Physik führen werden, und es könnte ratsam sein, sich vor Erreichen dieses Punktes zu fragen, was eigentlich das Ziel dieser Bemühungen ist.

Noch wichtiger ist, dass ich hier nicht wirklich über Strukturbildung gesprochen habe, sondern nur über die Anfänge der Strukturbildung. Im Verlauf der Weiterentwicklung des Universums jedoch, wenn Galaxien und Sterne gebildet werden, wird die Physik komplizierter, weil andere Kräfte als die Schwerkraft ins Spiel kommen. Zur Erinnerung: Mehrere Hundert Millionen Jahre nach der Entstehung der CMBR trat das Universum in ein «dunkles Zeitalter» ein. Am Ende dieser Periode tauchten die ersten Galaxien auf. Einige Hundert Millionen Jahre später begannen sich die Galaxien zu Haufen zu gruppieren, und auch heute noch entstehen Superhaufen.

All diese Strukturen können innerhalb des gegenwärtigen Alters des Universums entstehen, wenn man davon ausgeht, dass die Größe der Fingerabdrücke Gottes bei der Erschaffung des Mikrowellenhintergrunds der beobachteten entspricht: ein Teil in hunderttausend.

Außerdem hat das Spektrum von Gottes Fingerabdrücken eine interessante Eigenschaft: Es ist skaleninvariant, wie Kosmologen sagen. Frei übersetzt bedeutet Skaleninvarianz, dass die Dinge in jedem Größenmaßstab gleich aussehen. Wenn man ein Farnblatt heranzoomt, sieht man, dass es im Kleinen genauso aussieht wie im Großen. Oder denken Sie an ineinander geschachtelte russische Puppen. Jede sieht gleich aus, wenn man sie entsprechend vergrößert. Wenn sich die Schallintensität pro Oktave in einem Orgelpfeifenspektrum nie ändert, könnte man sagen, dass das Spektrum skaleninvariant ist.[16] Wenn Sie mögen, können Sie auch von einem «Russische-Puppen-Spektrum» sprechen.

Im frühen Universum bleibt die Verklumpungsintensität im Vergleich zum Klumpenvolumen konstant. Es ist alles andere als offensichtlich, dass das von den akustischen Baryonenschwingungen erzeugte Spektrum skaleninvariant sein sollte, aber es ist so.

Was hat Größe und Spektrum der Fingerabdrücke Gottes festgelegt?

---

16 Eine genauere Definition wäre, dass die Schallintensität pro Kubikwellenlänge und Oktave konstant sein sollte. Im Fall der CMBR bezieht sich die «Intensität» auf das Quadrat der Amplitude der Dichteschwankungen.

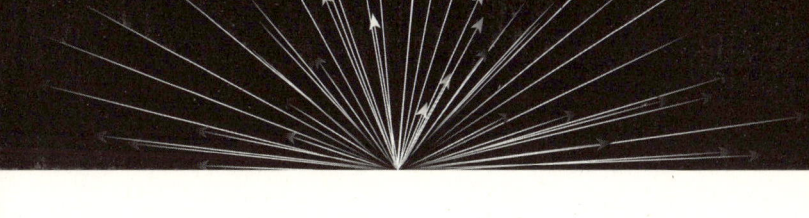

Kapitel 11
Erstes Aufblitzen: kosmische Inflation

Bislang ging es um die Geschichte des Universums nach der 0,0001ten Sekunde nach dem Urknall, kurz bevor die primordiale Nukleosynthese einsetzte. Man kann sich natürlich fragen, was zu früheren Zeiten geschah, aber hier werden die Dinge eher, sagen wir, spekulativ. Geht man etwa eine Mikrosekunde nach dem Urknall zurück, erwartet man, dass Neutronen und Protonen in ihre Quarkbestandteile zerfallen, und diese Erwartung wurde kürzlich in Teilchenbeschleunigern bestätigt. Aber ob eine Fülle völlig neuer Teilchen zu noch früheren Zeiten auftrat, ist unbekannt. Das Higgs-Boson müsste in der ersten Milliardstel Sekunde nach dem Urknall existiert haben. Das Higgs ist das sagenumwobene Teilchen, das dazu beiträgt, anderen Teilchen Masse zu verleihen, aber ich erwähne es nur am Rande, weil es keine zentrale Rolle in der kosmologischen Handlung spielt. Natürlich drängen sich Gedanken an die gefürchtete Singularität auf, wenn bei $t = 0$ alles explodiert, aber für den Moment wollen wir eine direkte Konfrontation vermeiden und über die ersten Augenblicke nach dem Urknall nachdenken, wie es die Kosmologen trotz aller Unsicherheiten tun.

Kurz nach 1980 beflügelte eine neue Theorie der ersten 10^{-32} Sekunden nach dem Urknall die Vorstellungskraft der Kosmologengemeinschaft – und bald darauf auch die der Öffentlichkeit. Aus Gründen, die noch zu klären sein werden, trug diese Theorie den Namen *Inflation*, ein Begriff, der von ihrem Hauptvertreter, dem Amerikaner Alan Guth, geprägt wurde. Er hatte Seminare über seine Idee gehalten, obwohl ähnliche Vorschläge bereits von Demosthenes Kazanas in den Vereinigten Staaten und Alexei Starobinski in der Sowjetunion veröffentlicht worden waren.

Aus einer Reihe von Gründen, nicht zuletzt wegen des griffigen Namens, startete die Inflation durch. Fast unmittelbar wurde sie in das kosmologische Standardmodell eingebaut, in den Lehrbüchern wurde sie als ausgemachte Sache dargestellt, und vier Jahrzehnte später ist die Inflation immer noch ein Eckpfeiler kosmologischen Denkens. Allerdings sollte man wissen, dass die Inflation keine Theorie im üblichen Sinne des Wortes ist, wie die Quantenmechanik, die durch unzählige Experimente und Beobachtungen verifiziert wurde. Vielmehr stellt die Inflation inzwischen eine Sammlung von Hunderten von Modellen dar, deren ursprünglicher Zweck es war, bestimmte «Unstimmigkeiten» in der Urknall-Theorie, wie ich sie dargestellt habe, zu erklären. Dabei handelt es sich nicht um Beobachtungsanomalien, sondern um theoretische oder philosophische Rätsel, zu denen die Standard-Urknall-Theorie einfach nichts beiträgt. Sie haben mehr Ähnlichkeit mit dem Rätsel um das Photonen-Baryonen-Verhältnis in Kapitel 6 oder dem Problem der kosmologischen Konstante in Kapitel 8 als mit der Perihelverschiebung des Merkurs. Ob die Inflation diese Unstimmigkeiten wirklich gelöst hat, ist Gegenstand zunehmend heftiger Debatten, und ob sie als Sieger hervorgehen oder auf der Müllhalde der Geschichte landen wird, müssen künftige Kosmologen entscheiden.

•

Auf zwei Probleme, zu deren Lösung die Inflation erfunden wurde, hatte Robert Dicke schon seit Langem hingewiesen. Das erste ist als *Flachheitsproblem* bekannt. Wie in diesem Buch immer wieder behauptet wird, ist das wirkliche Universum, wie Beobachtungen zeigen, tatsächlich in großer Näherung «flach». Warum eigentlich?

«Warum denn nicht?», werden Sie vielleicht antworten, aber die Sache ist nicht so einfach abzutun. Wenn das heutige Universum nahezu flach ist, liegt seine Dichte nahe bei dem kritischen Wert, der das «geschlossene» sphärische Universum von dem «offenen» Kartoffelchip-Universum in Kapitel 4 trennt. Wie wahrscheinlich ist das? Zur Veranschaulichung nehmen wir an, die Dichte liege heute bei 99,5 Prozent des kritischen Wertes. Dann lässt sich leicht zeigen, dass die Dichte eine Sekunde nach dem Urknall, als sich die ersten Elemente bildeten, nur ein Teil in 10^{17} vom kritischen Wert abwich, und bei 10^{-36} Sekunden nach dem Urknall, einem Zeitpunkt, den ich nicht willkürlich gewählt habe, müsste sie mit einer Genauigkeit von etwa einem Teil in 10^{52} flach gewesen sein. Mit anderen Worten, das Universum müsste mit einer unvorstellbaren Präzision auf diese Genauigkeit abgestimmt gewesen sein.

Selbst wer geneigt ist, gelegentliche Zufälle zu akzeptieren, wird es für völlig unwahrscheinlich halten, dass der Urknall so präzise abgelaufen sein könnte. Wie bei den Rätseln um das Verhältnis von Photonen- zu Baryonenanzahl und die kosmologische Konstante geht es auch hier um die Frage nach dem Warum. Nach wie vor ziehen Kosmologen es vor, diese Frage in eine Wie-Frage umzuwandeln – sie würden lieber jegliche Feinabstimmung vermeiden und stattdessen einen Mechanismus finden, der das Universum flach macht, ganz gleich, wie es begann.

Aber was bedeutet «wahrscheinlich» oder «unwahrscheinlich», wenn uns nur ein einziges Universum zur Verfügung steht? Hier stoßen wir mit voller Wucht auf die Schwierigkeit, die sich aus der Einzigartigkeit des Kosmos ergibt. Wir werden uns im nächsten Kapitel damit auseinandersetzen.

•

Das zweite von Dickes Rätseln, das die Inflation zu lösen vorgab, ist als *Horizontproblem* bekannt. Die Temperatur der CMBR ist in allen Richtungen bemerkenswert gleichartig. Selbst die «Fingerabdrücke Gottes», von denen in den vorangegangenen Kapiteln die Rede war, verändern die Gleichförmigkeit nur um die Dicke einer Murmel im Vergleich zur Höhe des Burj Khalifa, des höchsten Gebäudes der Welt. Wie kam es zu dieser bemerkenswerten Gleichförmigkeit? Ein weiterer Zufall?

Vielleicht, aber um die Situation anschaulicher zu machen, nehmen wir an, dass es im beobachtbaren Universum 10^{87} Photonen gibt, eine große Anzahl. Da sie sich im beobachtbaren Universum befinden, befinden sie sich innerhalb der Entfernung, die das Licht seit dem Urknall zurückgelegt hat – dem *kosmologischen Horizont*, den wir in Kapitel 4 diskutiert

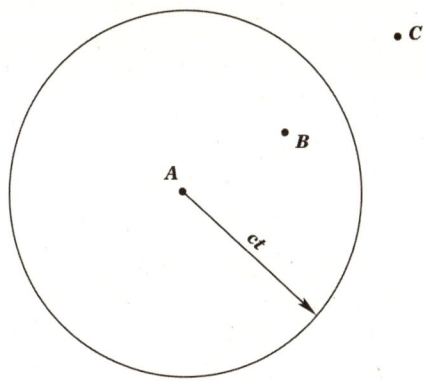

haben. Weil sich kein Signal schneller als Licht fortbewegen kann, stellt der kosmologische Horizont die ultimative Kommunikationsbarriere dar: Keine zwei Objekte können sich in irgendeiner Weise gegenseitig beeinflussen, wenn sie jenseits des Horizonts des anderen liegen. Wie in der Abbildung dargestellt, liegt der Horizont von A in der Entfernung, die das Licht seit dem Urknall zurückgelegt hat, (*Lichtgeschwindigkeit*) × (*Alter des Universums*) = *ct*. A und B, die innerhalb dieser Entfernung liegen, können sich gegenseitig beeinflusst haben. A und C können sich erst dann gegenseitig beeinflussen, wenn der Horizont auf den Abstand zwischen ihnen angewachsen ist. Man sagt, dass A und B in kausalem Zusammenhang stehen, während A und C nicht in kausalem Zusammenhang stehen.

Nach dieser Definition liegt alles, was sich im heute beobachtbaren Universum befindet, innerhalb des kosmologischen Horizonts. Ebenfalls per Definition wächst der Horizont mit Lichtgeschwindigkeit, und daher schrumpft er mit Lichtgeschwindigkeit, wenn man zum Urknall zurückgeht. Andererseits ist die Expansionsrate des Universums – die Geschwindigkeit, mit der sich die Galaxien voneinander entfernen – geringer als die Lichtgeschwindigkeit. Daher schrumpft das Universum langsamer als der Horizont, wenn wir in die Vergangenheit zurückgehen. Wenn wir uns dem Urknall nähern, nimmt das Universum innerhalb des Horizonts folglich einen immer kleineren Teil des heute beobachtbaren Universums ein. Als die CMBR entstand, lag nur etwa ein Hunderttausendstel des heutigen Universums innerhalb des Horizonts – etwa 10^{82} Photonen.

Das bedeutet, dass zwei weit voneinander entfernte Flecken von CMBR-Photonen zum Zeitpunkt der Entstehung der Hintergrundstrahlung nicht miteinander kommuniziert haben können. Wie die Punkte A und C in der Abbildung, standen sie noch nicht in kausalem Kontakt. Wie kam es dann, dass sie genau die gleiche Temperatur hatten? Das ist das Horizontproblem.

Ein drittes Rätsel, das die Inflation zu lösen vorgab, war das *Monopolproblem*. Nach einigen *Großen Vereinheitlichten Theorien* (GUTs) (davon gibt es mehrere) entstanden die starken, schwachen und elektromagnetischen Kräfte bei der enorm hohen Temperatur von 10^{29} Grad, die etwa 10^{-37} Sekunden nach dem Urknall herrschte, aus einem großen vereinheitlichten «Feld». Als sich das Universum ausdehnte und sich das einheitliche Feld in einzelne Felder aufspaltete, entstanden sogenannte magnetische Monopole. Ein magnetischer Monopol wäre ein isolierter Nord- oder Südpol eines Magneten, das magnetische Gegenstück zu positiven oder negativen elektrischen Ladungen. Doch obwohl isolierte positive und negative Ladungen in Form von Protonen und Elektronen überall zu finden sind, hat noch niemand einen isolierten magnetischen Nord- oder Südpol beobachtet. Alle Magnete haben sowohl einen Nord- als auch einen Südpol, und wenn man einen Magneten in zwei Teile teilt, erhält man lediglich zwei kleinere Magnete, die jeweils einen eigenen Nord- und Südpol haben.

Dennoch sagen einige GUTs voraus, dass magnetische Monopole im frühen Universum in großer Zahl entstanden sein müssten, und sie wären so schwer gewesen (sechzehn Größenordnungen schwerer als das Proton), dass sie die Dichte des Universums vollständig dominiert hätten. Das ist das Monopolproblem.

•

Die Lösung der Inflation für alle drei Probleme war so elegant und einfach, dass der Durchschnittsphysiker sie verstehen konnte. Sie besagt, dass das Universum am Ende der GUT-Ära – etwa zwischen Sekunde 10^{-36} und Sekunde 10^{-32} nach dem Urknall – einen enormen Schub exponentieller Expansion erlebte, der seine Größe in dieser unglaublich kurzen Zeit um siebenundzwanzig bis achtundzwanzig Größenordnungen erhöhte. Dies entspricht dem Aufblasen eines Maiskorns auf die Größe des beobachtbaren Universums.

Einer Ameise auf einem Maiskorn, das sich derart plötzlich um siebenundzwanzig Größenordnungen aufbläht, würde die Oberfläche außergewöhnlich flach erscheinen. Das ist die Lösung für das Flachheitsproblem durch Inflation.

Mit derselben Argumentation verschwindet auch das Monopolproblem. Die enorme Anzahl von Monopolen im Universum wurde durch die gewaltige Expansion einfach verdünnt, sodass ihre Dichte auf etwa einen Monopol pro beobachtbarem Universum sank, und wir haben ihn einfach noch nicht gefunden.

Das Horizontproblem ist komplizierter. Es geht um die Frage, wie es sein kann, dass weit voneinander entfernte Teile des Himmels miteinander wechselwirken und sich gegenseitig glätten konnten, um einen einheitlichen Mikrowellenhintergrund zu erzeugen. Da der Horizont im Standardmodell schneller in Richtung Vergangenheit schrumpft als das Universum, war der Horizont in Sekunde 10^{-36} um etwa 27 Größenordnungen kleiner als die Größe des Universums. Somit könnten praktisch überhaupt keine Teilchen im Universum wechselwirken. Andererseits hätten die Teilchen innerhalb dieses winzigen Horizonts per Definition miteinander kommunizieren können. Würde sich dieser Fleck um 27 Größenordnungen ausdehnen, wäre er so groß wie das beobachtbare Universum.

Genau das soll die Inflation bewirkt haben: Sie geht davon aus, dass das heutige Universum aus einem maiskorngroßen Fleck Himmel entstanden ist, in dem die Photonen bereits in Wechselwirkung getreten waren und alle Unregelmäßigkeiten geglättet hatten; die Inflation würde dann eine einheitliche Hintergrundstrahlung erzeugen. Es ist jedoch zu beachten, dass die Inflation nicht erklärt, *wie* die Glättung stattgefunden hat; sie liefert lediglich die notwendige Voraussetzung dafür, dass die Glättung stattgefunden haben *kann*.

•

Ein Hauptgrund dafür, dass die Inflation so populär wurde, hat nichts mit diesen drei Rätseln zu tun, sondern mit den Fingerabdrücken Gottes. Die Schwankungen im Mikrowellenhintergrund entsprechen Temperaturveränderungen von 1 Teil in 100 000 im Vergleich zu 2,7 Kelvin. Sie zeigen auch das Phänomen der Skaleninvarianz. Beide Merkmale sind Beobachtungsresultate. Wie sind sie entstanden?

Frühe Inflationsmodelle behaupteten, sie erklären zu können. In Kapitel 8 haben wir gesehen, dass Physiker glauben, das Vakuum sei mit kleinen Energieschwankungen, den sogenannten Vakuumfluktuationen, gefüllt. Die Inflation geht davon aus, dass diese Quantenfluktuationen unmittelbar nach dem Urknall existierten und in der Ära der Quantengravitation entstanden sind, die Thema in Kapitel 14 sein wird. Die Inflation nimmt diese Fluktuationen auf und, nun ja, bläht sie auf, bis sie zu den Fluktuationen in der CMBR werden. Und sie tut es so, dass das Spektrum dieser Schwingungen skaleninvariant ist.

•

Wenn es also tatsächlich zu einer Inflation gekommen ist, könnte sie offenbar bestimmte rätselhafte Eigenschaften unseres Kosmos erklären. Aber wie kam es überhaupt zur Inflation? Hier unterscheiden sich die Hunderte von verschiedenen Inflationsmodellen. Die meisten gehen von einem neuen Feld aus, das der dunklen Energie nicht unähnlich ist. Zur Erinnerung: Die Expansionsrate des Universums hängt von seinem Inhalt ab. Wenn das Universum von dunkler Energie dominiert wird – eine kosmologische Konstante –, dann nimmt es nach den Friedmannschen Gleichungen mit der Zeit exponentiell an Größe zu. Da das heutige Universum von einer kosmologi-

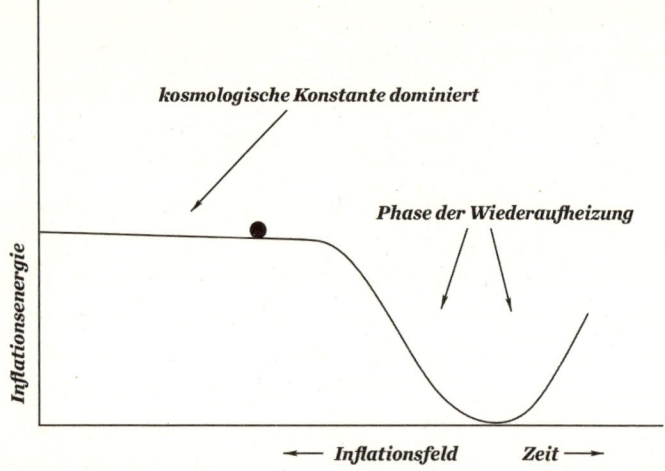

kosmologische Konstante dominiert

Phase der Wiederaufheizung

Inflationsenergie

◄— *Inflationsfeld*   *Zeit* —►

schen Konstante dominiert wird, dehnt es sich nun ungefähr exponentiell aus.

Im inflationären Szenario geschah genau das zwischen Sekunde 10^{-36} und Sekunde 10^{-32} nach dem Urknall. Damals wurde das Universum von einer neuen Energieform beherrscht, die nicht unbedingt die heutige dunkle Energie war, sondern eine Zeit lang einer kosmologischen Konstante ähnelte, wie in der Abbildung oben illustriert.

Diese nahezu konstante Energie erzeugte die exponentielle Expansion der Inflation, zerfiel am Ende der Inflationsperiode und verschwand spurlos. Diese Grafik wird als Potentielle-Energie-Diagramm bezeichnet. Wie Sie vielleicht wissen, neigt jedes System dazu, den Zustand niedrigster Energie einzunehmen, so wie ein Ball auf einem Hügel bergab rollt. Physiker stellen sich das Universum selbst oft als einen Ball vor, der auf der Energiekurve sitzt, die das Inflationsfeld liefert. Während die Kugel langsam den nahezu flachen Hügel hinunterrollt, findet die Inflation statt. Am Ende der Inflation stürzt die Kugel schnell in die Senke und verliert dabei ihre gesamte potenzielle Energie.

Physiker halten sich aber auch an den berühmten Energieerhaltungssatz und mögen nicht glauben, dass die dominierende Energieform im Universum spurlos verschwunden ist. Das Bild ist vielmehr folgendes: Während der Inflation dehnte sich das Universum so weit aus, dass die kosmologischen Rätsel gelöst werden konnten. Durch die enorme Ausdehnung wurde das Universum auch vollständig von allen Inhalten geleert – Monopole, Photonen, Neutrinos und alles andere. Als die Inflation endete, zerfiel das Feld, das die Inflation antrieb, und verwandelte seine Energie in die Teilchen, aus denen das heutige Universum besteht. Die Inflation und die anschließende «Wiederaufheizung», wie sie genannt wird, geschahen in weit weniger Zeit, als ein Wimpernschlag braucht.

Warum nimmt die Inflationsenergie ab? Der ursprüngliche Vorschlag stützte sich auf das bekannte Phänomen der *Phasenübergänge*. Wasser kann langsam und vorsichtig bis weit unter den Gefrierpunkt abgekühlt werden, aber wenn ein Staubteilchen in das Wasser gelangt, wird es zu einem Kondensationskeim, einer Keimzelle für Eis, und das Wasser gefriert überall schnell. Im Rahmen der Großen Vereinheitlichungstheorien war es plausibel, dass etwas Ähnliches mit der Vakuumenergie des Raums im frühen Universum geschah, als die Einheitskraft in ihre verschiedenen Arten aufgespalten wurden. Die Vakuumenergie begann mit einem großen Wert, wurde dann «unterkühlt», wobei es zu einer Inflation kam und schließlich ein Phasenübergang auf den heutigen Wert erfolgte. Spätere

Versionen der Inflation postulierten einfach ein neues Feld mit einem Diagramm der potenziellen Energie wie in der Abbildung.

Das in diesem Kapitel skizzierte Bild zeigt, grob gesagt, wie die Inflation die Kopfschmerzen lindern soll, die das Universums den Kosmologen bereitet.

Fehlt noch etwas?

Kapitel 12
Inflation oder nicht – das ist hier die Frage

In der vorangegangenen Erörterung habe ich zu stark vereinfacht, ja sogar geschummelt. Obwohl das Inflationsszenario eine elegante Lösung für die berühmten kosmologischen Rätsel bietet, ist es, wie in der Wissenschaft selbstverständlich, zunehmend infrage gestellt worden, und heute sieht seine Zukunft weit weniger gesichert aus als in den Jahren unmittelbar nach seiner Einführung.

Nehmen wir zum Beispiel das Monopolproblem. Trotz jahrzehntelanger Bemühungen wurde nie ein experimenteller Beweis für GUTs gefunden, und es könnte sein, dass die Theorien, die eine große Anzahl von Monopolen vorhersagen, einfach falsch sind, womit sich das Monopolproblem verflüchtigen würde.

Betrachten wir als Nächstes die Fingerabdrücke Gottes. Die meisten populären und fachlichen Untersuchungen konzentrieren sich auf das Spektrum der Schwankungen und darauf, wie dieses Spektrum mit den einfachsten theoretischen Vorhersagen übereinstimmt. Doch auch die Größe der Schwankungen – ein Hunderttausendstel eines Grades – muss erklärt werden. Will man diese Zahl aus einfachen Modellen ableiten, ist eine außerordentlich genaue Anpassung der Form des Potenzials im Diagramm auf Seite 142 erforderlich. Das ist seit Langem bekannt. Schon winzige Abweichungen von, sagen wir, 1 Teil in 10^{14} führen zu einer falschen Antwort. Dies ist ein weiteres Beispiel für Feinabstimmung und zwingt uns zu der Frage, ob wir durch die Wahl der erforderlichen Form des Potenzials nicht lediglich das eine Feinabstimmungsproblem gegen ein anderes ausgetauscht haben.

Darüber hinaus mag das skaleninvariante Spektrum zwar mit den Vorhersagen der Inflation übereinstimmen, aber die Inflation ist nicht der einzige Prozess, der es hervorbringen kann (wie wir im nächsten Kapitel sehen werden). Wenn das stimmt, wie kann man sich dann zwischen den Modellen entscheiden? Tatsächlich sagt die Inflation kein exakt skaleninvariantes Spektrum voraus, sondern lediglich ein näherungsweise skaleninvariantes. Zumindest einige Kosmologen argumentieren, dass die Daten des Planck-Weltraumteleskops bereits zu den tatsächlichen Vorhersagen der Inflation in Widerspruch stehen und die Theorie aufgrund von Beobachtungen zugunsten von Modellen verworfen werden sollte, die in Kapitel 13 diskutiert werden. Natürlich sind die Befürworter der Inflation anderer Meinung – wie könnte es anders sein.

•

Das inflationäre Szenario konfrontiert die Kosmologen mit weiteren Ungereimtheiten und Schwierigkeiten. So ist zum Beispiel seit über zwei Jahrhunderten bekannt, dass Licht, das von einer Fensterscheibe reflektiert wird, *polarisiert* ist. Was bedeutet das? Licht, eine elektromagnetische Welle, besteht aus einem elektrischen und einem magnetischen Feld, die bei der Ausbreitung der Welle im rechten Winkel zueinander schwingen. Die Richtung, in die das elektrische Feld zeigt, wird als Polarisationsrichtung oder -achse bezeichnet. Das Licht einer Glühbirne ist *unpolarisiert*, d.h., die Glühbirne strahlt Licht ab, dessen elektrisches Feld in alle Richtungen schwingt. Unpolarisiertes Licht kann man sich so vorstellen, dass es aus zwei unabhängigen Lichtstrahlen besteht, deren elektrische Felder senkrecht zueinander stehen. Wenn ein solcher Strahl auf ein Fenster trifft, wird eine Richtung durch das Glas bevorzugt reflektiert und somit polarisiert – sein elektrisches Feld schwingt nur in eine Richtung.

Jeder kann sich überzeugen, dass das stimmt. Sonnenbrillen mit polarisierten Gläsern funktionieren, weil ihre Moleküle so ausgerichtet sind, dass sie nur eine Richtung der Polarisation durchlassen und so die Intensität von unpolarisiertem Licht halbieren. Da das durch die Windschutzscheibe eines Autos einfallende Licht bereits polarisiert ist, sieht man fast nichts, wenn man die Sonnenbrille so dreht, dass ihre Polarisations-achse im rechten Winkel zum elektrischen Feld des Lichts steht.

Die kosmische Hintergrundstrahlung ist wie eine große Windschutzscheibe. Als die CMBR entstand, trafen Photonen auf Elektronen, die dadurch in Richtung des elektrischen Feldes des Lichts in Schwingung versetzt wurden. Da schwingende Elektronen Licht bevorzugt in eine Richtung abstrahlen, ist das Licht polarisiert. Wäre die Ursuppe völlig gleichförmig, würden die Photonen aus allen Richtungen gleichmäßig auf die Elektronen treffen und die Gesamtpolarisation wäre gleich null. Aber die winzigen Fingerabdrücke Gottes bedeuten, dass die CMBR-Windschutzscheibe nicht exakt gleichförmig ist – und das führt zu einer kleinen Netto-Polarisation.

Die Polarisation des Mikrowellenhintergrunds wurde von vielen außerordentlich empfindlichen Teleskopen präzise gemessen – zu viele, um sie alle aufzuzählen, alle mit Abkürzungen wie DASI und ACT, die am Südpol oder in der chilenischen Atacama-Wüste stationiert sind –, und alle bestätigen dieses Bild.

Nun sagt die Inflation *auch* die Existenz von primordialen Gravitationswellen voraus, die durch fluktuierende Quantenfelder im sehr frühen Universum erzeugt wurden. In Kapitel 3 sind wir auf die Gravitationswellen gestoßen, die sich durch die Raumzeit bewegen und jeden Detektor, der zu ihrer Messung eingerichtet wurde, dehnen und schrumpfen, als sei er Gezeiten unterworfen. Das geschah auch schon mit der Ursuppe, als die CMBR entstand, und die Wellen erzeugten Unregelmäßigkeiten, die ebenfalls das Licht polarisieren. Das Dehnen und Stauchen des Hintergrunds durch Gravitationswellen erzeugt ebenfalls einen Fingerabdruck, der sich jedoch von dem unterscheidet, der durch die Verklumpung aufgrund akustischer Schwankungen entsteht (die Verklumpung wird in Kapitel 10 behandelt). Im Prinzip lassen sich die beiden unterschiedlichen Muster mit einem ausreichend empfindlichen Teleskop voneinander unterscheiden.

Die Polarisierung der CMBR durch primordiale Gravitationswellen wird als weitaus geringer eingeschätzt als die durch akustische Schwingungen verursachte, aber einige Kosmologen behaupten, die Entdeckung einer solchen Polarisierung käme dem Todesstoß für die Inflation gleich. Zwar kündigte das BICEP2-Team in Harvard 2014 genau diese Entdeckung an, doch die Ergebnisse wurden schließlich wieder zurückgezogen, und bis heute gelten primordiale Gravitationswellen als weiterhin unentdeckt. Wie bereits erwähnt, sind einige Kosmologen der Meinung, dass die Daten des Planck-Weltraumteleskops die Inflation bereits ausschließen.

•

Die Haupteinwände gegen die Inflation ergeben sich jedoch aus ihren grundlegenden Annahmen. Obwohl ich bereits einige Male auf die Quantenfluktuationen und das, was die Inflation mit ihnen anstellen soll, eingegangen bin, ist es wichtig zu verstehen, dass eine Quantentheorie für den Beginn des Universums noch nicht existiert. Die Inflation kann also auch keine echte Quantentheorie des Universums sein; vielmehr verwenden die Inflationsmodelle die gewöhnliche, klassische Physik, um ein vermutetes Quantenverhalten «vorzutäuschen». Ein wichtiger Einwand gegen die Inflation ist in der Tat, dass ihre Felder nur zu dem Zweck eingeführt wurden, um die Inflation zu erzeugen, und dass sie weder durch Beobachtungen noch theoretisch gerechtfertigt sind.

Eine damit verbundene Schwierigkeit ist die Tatsache, dass die Inflation die vermuteten primordialen Quantenoszillationen dehnen soll, bis sie zu den in der CMBR beobachteten Fluktuationen werden. Bisher wurde noch kein Mechanismus für den Übergang von der Quantentheorie zur klassischen Theorie gefunden. Wenn die Inflationsphase etwas länger anhielt als nötig, um die kosmologischen Rätsel zu lösen, dann hätten die Wellenlängen der Oszillationen zu Beginn der Inflation weniger als 10^{-33} Zentimeter betragen. Dies ist eine wirklich kleine Zahl. Tatsächlich gilt diese Länge, die sogenannte Planck-Länge, als der Längenmaßstab, bei dem nach Überzeugung der Physiker die klassische Physik völlig zusammenbrechen muss; unterhalb der Planck-Länge müsste eine Quantentheorie der Schwerkraft übernehmen. Da eine solche Theorie noch nicht existiert, muss man alles, das sich auf Aussagen darüber stützt, was in der Epoche der Quantengravitation geschehen sein könnte, mit Skepsis betrachten.

Nehmen wir aber vorerst an, dass die inflationären Modelle das Quantenverhalten vernünftig wiedergeben. Im gesamten Universum treten Quantenfluktuationen zufällig auf. Kleine Schwankungen überwiegen bei Weitem die großen; dennoch treten gelegentlich auch große Schwankungen auf. Während der Inflation kann eine große Schwankung an einem Ort im Universum das Feld auf der Kurve auf Seite 142 weiter nach oben verschieben, was zu einer länger anhaltenden Inflation in dieser Region führt. Wenn diese «Blase» sich ausdehnt, treten weitere Schwankungen auf, die wiederum Tochterblasen mit längerer Ausdehnung erzeugen, *ad infinitum*. Die Inflation ist ein im Wortsinn ewiger Prozess. Daher ergibt sich eine sehr unregelmäßige Konstellation, in der die Inflation in verschiedenen Tochteruniversen in unterschiedlichem Ausmaß auftritt. An einigen Stellen mag die Inflation die kosmologischen Rätsel gelöst haben, an anderen Stellen nicht. Dieses *Multiversum* scheint eine unvermeidliche Konsequenz des inflationären Paradigmas zu sein, und wir werden es in Kapitel 15 genauer untersuchen.

Im Moment ist der wichtige Punkt, dass das Multiversum, obwohl es in der Öffentlichkeit sehr beliebt ist, extreme konzeptionelle Schwierigkeiten mit sich bringt. Angenommen, wir versuchten, die Wahrscheinlichkeit abzuschätzen, dass ein bestimmtes Universum die kosmologischen Probleme lösen würde. Wenn wir es mit einer unendlichen Anzahl von Universen zu tun haben, ist das, gelinde gesagt, schwierig. Wenn wir wahllos Dartpfeile auf eine Dartscheibe werfen, die zu 25 Prozent gelb und zu 75 Prozent schwarz ist, sagt uns unsere Intuition, dass wir einen schwarzen Sektor dreimal so oft treffen sollten wie einen gelben. Selbst bei einer unendlich großen Dartscheibe haben wir immer noch das Gefühl, dass wir dreimal so oft Schwarz wie Gelb treffen sollten, und wir können die Wahrscheinlichkeiten tatsächlich so definieren, dass dies wahr bleibt.

Enthält die Dartscheibe hingegen eine unendliche Anzahl unterscheidbarer Farben, dann ist die Wahrscheinlichkeit, eine dieser Farben zu treffen, im Grunde gleich null. Nehmen wir an, es gäbe eine unendliche Anzahl von Grüntönen, die alle Bedingungen darstellen, die die Inflation erfolgreich bewältigen kann, aber auch eine unendliche Anzahl von Rottönen, Gelbtönen, Gelbgrüntönen und so weiter. Ist dann die Wahrscheinlichkeit, einen Grünton zu treffen, größer als null? Wie bei der schwarzen und gelben Dartscheibe müssten wir in der Lage sein, etwas Ähnliches zu sagen wie *auf einer endlichen Dartscheibe ist es dreimal wahrscheinlicher, Grün zu treffen als Violett*, und dann anzunehmen, dass dies auch auf einer unendlichen Dartscheibe so bleibt.

Die Inflation stellt uns vor dieses Dilemma. Wenn man nach der Wahrscheinlichkeit fragt, mit der ein Universum entsteht, das die kosmologischen Rätsel löst, muss man entscheiden, welche Bedingungen – Farben – wahrscheinlicher sind als andere, und es gibt einfach keine einvernehmliche Methode, das zu tun. Die Kosmologen Gary Gibbons und Neil Turok sind zu dem Schluss gekommen, dass die meisten Universen sich nicht ausreichend aufblähen, um die Rätsel zu lösen. Der Mathematiker Roger Penrose ist noch weiter gegangen. Die Gleichungen der Inflation sind in mancher Hinsicht genau wie die Newtons: Wenn man den gegenwärtigen Zustand der Welt kennt, kann man die Zukunft vorhersagen oder die Vergangenheit rekonstruieren. Wenn man von einem heute sehr unregelmäßigen und gekrümmten Universum ausgeht – weitaus unregelmäßiger und stärker gekrümmt, als es die Beobachtungen hergeben – und die Gleichungen auf die Zeit vor der Inflation zurückrechnet, kommt man auf Anfangsbedingungen, die die Inflation aufgrund der Konstruktion gar nicht glätten oder ausgleichen kann. Darüber hinaus argumentiert Penrose, dass solche unregelmäßigen Anfangsbedingungen unvorstellbar wahrscheinlicher sind als regelmäßige Bedingungen, was ihn zu dem Schluss führt, dass die Inflation unbrauchbar ist, um ein Universum zu erzeugen, das unserem eigenen ähnelt.

•

Häufig ist eine andere Art der Lösung der kosmischen Probleme vorgeschlagen worden. Man könnte argumentieren, dass nur nahezu flache Universen die Entwicklung von Leben ermöglichen. Wenn sie zu stark geschlossen sind, erleiden sie fast sofort einen großen Zusammenbruch (Big Crunch), Äonen bevor Galaxien die Möglichkeit haben, sich zu bilden. Wenn sie zu offen sind, können sich auch keine Galaxien bilden. Daher müssen wir von allen Möglichkeiten, die sich aus dem Multiversum ergeben, unseren Kosmos so nehmen, wie er ist, denn wir sind unbestreitbar hier. Dies ist ein weiteres Beispiel für die anthropische Argumentation (über die in Kapitel 15 mehr gesagt wird). Physiker neigen dazu, solchen Argumenten gegenüber skeptisch zu sein, weil es keine Möglichkeit gibt, sie abschließend zu prüfen, aber sie verdeutlichen die schwerwiegenden Schwierigkeiten, die das inflationäre Szenario mit sich bringt, da wir nur ein einziges Universum zur Verfügung haben.

Eine noch einfachere Illustration des Dilemmas ergibt sich aus der Tatsache, dass das heutige Universum von dunkler Energie beherrscht wird. Wenn es sich bei dieser Energie tatsächlich um eine kosmologische Konstante handelt, deren Wert sich nicht ändert, dann wird sich der Materie- und Strahlungsgehalt des Universums mit zunehmender Expansion verdünnen, bis nur noch die konstante dunkle Energie übrig bleibt. Selbst die Energie, die durch die Krümmung des Raums entsteht, wird schließlich verschwinden – und auf diese Weise wird ein solches Universum flach. Werden die Kosmologen dieser fernen Epoche sagen, dass es kein Flachheitsproblem gibt, weil die kosmologische Konstante einen Mechanismus bietet, der das Universum flach macht? Werden sie sagen, dass das Flachheitsproblem eigentlich das Problem der kosmologischen Konstante ist, weil die Flachheit des Universums von der Größe der kosmologischen Konstante abhängt?

Oder werden bis dahin alle Sterne im Universum erloschen sein, sodass sich keine Kosmologen mehr diese Frage stellen können?

Gibt es Alternativen zur Inflation?

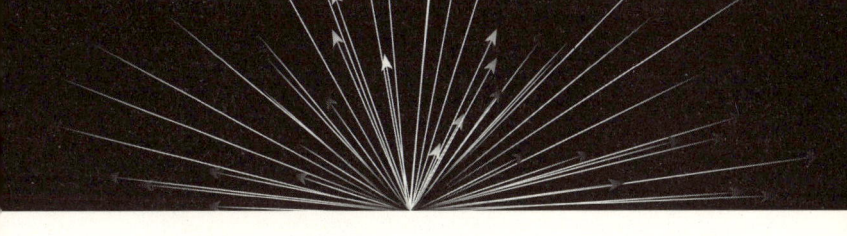

Kapitel 13
Zusammenkrachen und Zurückprallen

Nun, wo wir uns t = 0 nähern, fragen Sie sich vielleicht: «Was geschah eigentlich vor dem Urknall?» Oder auch: «Gab es einen großen Zusammenbruch vor dem Urknall?» Vielleicht waren sogar Sie die Person, die nach einem Kosmologie-Vortrag ans Podium kam, um diese Frage zu stellen. Eine Frage, die noch beliebter ist als «Stehen wir im Zentrum des Universums?» oder «Wohin expandiert das Universum?».

Die Frage, was vor dem Urknall geschah, ist naheliegend, und Kosmologen haben sich seit der Entdeckung des expandierenden Universums damit beschäftigt. Es wurden viele Vorschläge gemacht, aber eine endgültige Antwort gibt es noch nicht. Kosmologien, in denen sich Phasen der Expansion mit Zeiten der Kontraktion abwechseln, sind als zyklische Universumsmodelle oder «Rückprall»-Kosmologien bekannt, und in den letzten zehn Jahren sind sie als Alternativen zur kosmischen Inflation wieder zunehmend in Mode gekommen.

Das Konzept eines zyklischen Universums ist äußerst attraktiv, weil wir uns nicht vorstellen müssen, dass das Universum zu einem bestimmten Zeitpunkt in der Vergangenheit plötzlich aus dem Nichts aufgetaucht ist. Mathematisch gesehen bedeutet dies, dass wir die Anfangsbedingungen des Universums nicht zu spezifizieren brauchen, weil es keinen Anfang gibt. Andererseits ist es auch nicht einfach, sich ein Universum vorzustellen, das ewig zwischen Expansion und Kontraktion hin und her pendelt.

Die Schwierigkeit bei zyklischen Universumsmodellen war schon immer die *Urknall-Singularität*. Wir können sie nicht einfach abtun. In der Friedmann-Kosmologie werden zum Zeitpunkt des Urknalls Temperatur, Druck, Dichte und Expansionsrate des Universums unendlich. Dies ist ein völliger Zusammenbruch des Systems, so wie wir es verstehen – viel ernster als eine Seuche oder eine wirtschaftliche Depression, die beide irgendwann enden. Beim Urknall gehen alle Gleichungen der Relativitätstheorie in Flammen auf, und wir wissen einfach nicht, was vorher geschah, und werden es vielleicht auch nie erfahren. Friedmann selbst erkannte, dass Einsteins Gleichungen (auch) ein oszillierendes Universum zulassen, schenkte aber der Singularität keine Beachtung. Als der Physiker Richard Tolman in den frühen 1930er-Jahren ein detaillierteres Modell des zyklischen Universums entwarf, erkannte er die große Schwierigkeit der Singularität, nahm aber an, dass ein Wunder geschah, das es dem Universum ermöglichte, sich nach dem großen Zusammenbruch (Big Crunch) wieder auszudehnen.

•

Jahrzehntelang glaubten die Kosmologen, dass weniger reguläre Universen als das von Friedmann die Singularität vermeiden könnten. Zur Erinnerung: In Friedmanns Modell ist die

Materie gleichmäßig verteilt, und in einem abgeschlossenen Universum ist der Raum kugelförmig. In einem kontrahierenden Universum nähert sich die gesamte Materie der sich abzeichnenden Singularität gleichmäßig aus allen Richtungen, was schließlich zu einer unendlichen Dichte führt, da alles, was in Sichtweite ist, gleichzeitig zu einem einzigen Punkt zusammengepresst wird. Man kann sich jedoch auch ein Universum vorstellen, das nicht so symmetrisch ist – vielleicht eines in Form einer Zigarre. In einem solchen Universum würde die Materie in einer Richtung schneller kollabieren als in der anderen, und die Singularität könnte vermieden werden.

Leider hat sich herausgestellt, dass dies nicht der Fall ist, und alle Versuche, in dieser Richtung voranzukommen, sind gescheitert. Die Singularität blieb bestehen. Der Grund für das Scheitern liegt im Wesentlichen darin, dass die Schwerkraft eine anziehende Kraft ist, die die Materie unabhängig von irgendwelchen Irregularitäten letztlich auf einen Punkt fokussiert. Starke Singularitätstheoreme von Amal Kumar Raychaudhuri, Roger Penrose und Stephen Hawking aus den Jahren zwischen 1950 und 1970 haben bewiesen, dass eine Urknall-Singularität unter ziemlich allgemeinen Bedingungen unvermeidlich ist.

Alle Theoreme beruhen jedoch auf Annahmen, und die Urknall-Singularität kann durch Einführung einer ausreichend großen Abstoßungskraft umgangen werden. Die kosmologische Konstante – die dunkle Energie – beschleunigt die Galaxien voneinander weg und bietet genau die Art von Rückstoßkraft, die notwendig ist, um der Singularität auszuweichen. Die wichtigsten Fragen sind die folgenden: Wie groß sollte die Konstante sein, um einen Rückprall (Big Bounce) zu erzeugen, ohne mit den astronomischen Beobachtungen in Konflikt zu geraten? Und muss sie wirklich konstant sein?

Nehmen wir zum Beispiel an, dass der gegenwärtigen Expansion unseres Universums ein Kollaps vorausgegangen ist. In der Kollapsphase würde sich die CMBR aufheizen, und man könnte eine kosmologische Konstante postulieren, die groß genug ist, um das Universum rückprallen zu lassen, bevor es eine Temperatur von einer Milliarde Grad erreicht, was 3 Minuten vor dem Big Crunch geschehen würde. Nach dem Rückprall – unserem Urknall – würde jedoch keine primordiale Nukleosynthese stattfinden, und wenn die leichten Isotope nicht bereits in ihrer jetzigen Häufigkeit vorhanden wären, würden sie nie entstehen. Darüber hinaus würde eine so große kosmologische Konstante dazu führen, dass sich das Universum so schnell ausdehnt, dass sich keine Galaxien bilden können. Das Hinzufügen einer einfachen kosmologischen Konstante, um das Friedmann-Modell von seiner Singularität zu befreien, ist also keine praktikable Option.

Der Trick besteht folglich darin, zu Beginn des Universums etwas einzuführen, das einer kosmologischen Konstante nur ähnelt – vielleicht ähnlich der auf Seite 142 dargestellten potenziellen Energie –, die aber verschwindet, bevor sie Schaden anrichtet. Dafür wurden zahlreiche Vorschläge gemacht, die sich alle in ihren Eigenschaften und Motivationen unterscheiden, und wir werden nicht auf die mörderisch schwierigen Details eingehen. Eine attraktive Option besteht darin, das Universum rückprallen zu lassen, bevor es sich auf die im Kapitel 12 erwähnte Planck-Länge von 10^{-33} Zentimetern zusammenzieht, was zur Planck-Zeit, bei 10^{-43} Sekunden vor dem Big Crunch geschieht.

Die Planck-Länge und -Zeit markieren das Ende der Physik, wie wir sie kennen. Bei kleineren Längen und kürzeren Zeiten brechen unsere gewohnten Vorstellungen von Raum und Zeit wahrscheinlich völlig zusammen, und es ist zu vermuten, dass eine Theorie der Quantengravitation notwendig ist, um die Singularität zu beschreiben oder sie zu überwinden. Die Quantenmechanik kann in der Tat Abstoßungskräfte erzeugen, die diese Aufgabe erfüllen könnten, aber wie bereits erwähnt, gibt es keine Theorie der Quantengravitation. Wenn stattdessen ein Rückprall weit vor dem Erreichen der Planck-Skala stattfindet, dann ist es nicht nötig, die Quantenmechanik heranzuziehen. In diesem Fall können wir uns ausschließlich auf die konventionelle Physik stützen, die es ja gibt.

•

In den letzten zehn Jahren haben sich einige Bouncing-Kosmologien diese Grundsätze zunutze gemacht. Wie bei der Inflation berufen sie sich auf ein neues Feld, das einer kosmologischen Konstante ähnelt, die einen Rückprall verursacht, bei dem das gewünschte Ereignis jedoch zu einem Zeitpunkt von etwa 10^{-35} Sekunden nach dem Urknall stattfindet. Das ist (in den Augen der Physiker) lange Zeit vor dem Erreichen der Planck-Ära; es liegt sogar vor dem Erreichen der GUT-Ära, in der die klassische Physik völlig ausreichen sollte.

Nun muss man sich fragen, ob solche Modelle die kosmologischen Rätsel lösen können, die mit der Inflation erklärt werden sollten. Zum Glück schaffen das einige Modelle, und zwar auf fast dieselbe Weise.

Um zu verstehen, wie das geht, muss man sich zunächst

vergegenwärtigen, dass die schnelle Erklärung, die ich in Kapitel 11 für die Lösung des Flachheitsproblems durch die Inflation gegeben habe – dass sich das Universum lediglich in einem Wimpernschlag um siebenundzwanzig Größenordnungen ausgedehnt hat, um es flach erscheinen zu lassen –, eine Lüge war (wenn auch eine, die von Kosmologen häufig verbreitet wird). Wenn wir am Strand stehen und auf den Ozean blicken, erscheint uns die Erde gerade deshalb flach, weil der Horizont nur einige Kilometer entfernt ist, also viel weniger als die Ausdehnung der Erde. Stünden wir aber auf einem Berg, dessen Höhe mit dem Radius der Erde vergleichbar ist, würden wir die Erdkrümmung deutlich sehen.

Flachheit ist also relativ; man muss immer die Entfernung zum Horizont mit der Größe der Erde vergleichen. Ebenso haben wir in Kapitel 11 gesehen, dass in einem kollabierenden Kosmos der Horizont immer schneller herankommt, als das Universum schrumpft, weswegen es zum Urknall hin immer flacher aussieht.

Das Gleiche gilt für oszillierende Kosmologien. Wenn wir uns in einem kollabierenden Universum dem Urknall nähern, scheint das Universum immer flacher zu werden, weil wir nur noch immer kleinere Distanzen sehen. Es ist dieses kleine Stückchen Raumzeit, das nach dem Aufprall zu unserem heutigen Universum wird.

Das Horizontproblem verschwindet auf dieselbe Weise. Wenn man sich das Universum in jener dunklen Vergangenheit vorstellt, gerade als es im vorhergehenden Zyklus zu kollabieren begann, sind alle Teile dieses Universums bereits in der Lage zu kommunizieren, weil sie innerhalb des Horizonts liegen. Wenn das Universum auf den Zusammenbruch hin schrumpft, schrumpft der Horizont schneller, und es ist der kleine Fleck innerhalb des Horizonts, der nach dem Rückprall zum gegenwärtigen Universum wird, so wie es bei der Inflation der Fall war. Da alle Teilchen in diesem Fleck bereits vor dem Rückprall kommuniziert haben, gibt es kein Horizontproblem mehr.

Ein auffälliges Merkmal der modernen Rückprall-Kosmologien ist, dass diese Probleme durch eine sehr langsame Kontraktion gelöst werden können, sodass die Kollapsphase nicht unbedingt die umgekehrte Expansionsphase darstellt. In einigen Modellen muss sich das Universum nicht einmal stark zusammenziehen, um diese Aufgabe zu erfüllen. Außerdem ist, wie im vorangegangenen Kapitel angedeutet, eine exponentielle Expansion nicht der einzige Mechanismus, der ein skaleninvariantes Spektrum im Mikrowellenhintergrund erzeugen kann. Mathematisch gesehen bewirkt die langsame Kontraktion einiger Modelle genau das Gleiche.

Auch nicht vergessen sollte man, dass die von der Inflation vorhergesagten, aber noch nicht entdeckten primordialen Gravitationswellen vermutlich das Ergebnis von Schwankungen sind, die während der Epoche der Quantengravitation entstanden sind. Da diese Epoche in den Rückprall-Kosmologien nie erreicht wird, werden letztlich auch keine primordialen Gravitationswellen erzeugt. Damit entsteht auch kein Multiversum, diese widerspenstige Ausgeburt der Quantenschwingungen.

Big-Bounce-Kosmologien sind derzeit ein aktives Forschungsgebiet, aber die Geschichte lehrt, dass aktive Forschungsbereiche im Handumdrehen auch wieder in der Versenkung verschwinden können. Es mag noch zu früh sein, um zu entscheiden, ob ein Großer Rückprall die konzeptuellen

Kopfschmerzen, die die Inflation verursacht, erfolgreich be-
kämpfen kann, aber im Augenblick scheint er tatsächlich eine
attraktive und brauchbare Alternative zu sein.

**Wie kann man entscheiden, ob solche Theorien
stimmen?**

Kapitel 14
Warum Quantengravitation?

Wir sind nun bei 10^{-43} Sekunden nach dem Urknall angekommen. Es ist an der Zeit – wenn Zeit überhaupt etwas bedeutet –, eine Theorie der Quantengravitation zu entwickeln. Sollten sich Rückprall-Universen zur Vermeidung der Singularität als nicht praktikabel erweisen, bleibt den Kosmologen keine andere Möglichkeit. Der Hauptantrieb für die Entwicklung einer Theorie der Quantengravitation ist jedoch nicht so sehr die Singularität selbst, sondern die jahrhundertealte Überzeugung der Physiker, dass die Kräfte der Natur in einem alles überragenden Theoriegebäude zusammengefasst werden sollten, der legendären *vereinheitlichten Feldtheorie*.

Keine einzige Beobachtung, die je gemacht wurde, widerspricht der Allgemeinen Relativitätstheorie, und sie gilt daher als so korrekt, wie eine wissenschaftliche Theorie überhaupt sein kann. Dennoch handelt es sich um eine klassische Theorie, die Quantenphänomene nicht einbezieht. Moderne Quantenfeldtheorien wurden mit etwa der gleichen Präzision getestet wie die Allgemeine Relativitätstheorie – über den Sieger wird noch gestritten –, aber sie berücksichtigen die Schwerkraft nicht.

Theoretische Physiker sind zutiefst überzeugt, dass diese beiden sehr unterschiedlichen Theorien zu einer konsistenten Quantentheorie der Gravitation zusammengeführt werden sollten. Fast ein Jahrhundert lang hat man jedoch vergeblich versucht, diese Ehe zu arrangieren. Grob vereinfacht besteht die Schwierigkeit darin, dass die Allgemeine Relativitätstheorie eine Theorie des ganz Großen ist, während die Quantentheorie eine Theorie des ganz Kleinen ist. Es ist unwahrscheinlich, dass diese Distanz überbrückt werden kann, aber wie der Physiker John Wheeler einmal bemerkte, ist die schwierigste Frage bei der Quantengravitation diese: Was ist eigentlich die Frage?

Stellen wir also ein paar grundlegende Fragen. Bitte erwarten Sie keine Antworten.

Erstens: Was sind Quantenphänomene? Und an welchem Punkt sollten Quantenmechanik und Relativitätstheorie miteinander verbunden werden? Das Wort *Quanten* ist seit Langem Teil des allgemeinen Wortschatzes, aber trotz Quantensprüngen und Quantenheilern bleibt seine genaue Bedeutung unscharf. In der klassischen Physik dürfen die meisten Eigenschaften eines Systems – zum Beispiel seine Energie – beliebige Werte annehmen. Das Grundprinzip der Quantenmechanik besagt dagegen, dass diese Größen in diskreten oder quantisierten Einheiten vorliegen, so wie Bargeld nur in ganzzahligen Vielfachen von Cents erhältlich ist. Als Max Planck im Jahr 1900 die Quantenmechanik begründete, indem er das Spektrum eines Schwarzen Körpers erklärte (siehe Kapitel 5), bestand sein grundlegendes Postulat darin, dass das von dem Schwarzen Körper ausgesandte Licht so gequantelt ist, dass seine Energie nur Beträge annehmen kann, die ganzzahlige

Vielfache der Lichtfrequenz multipliziert mit einer neuen Naturkonstante sind; die Konstante nannte er h. Diese Zahl, die heute allgemein als *Plancksche Konstante* bezeichnet wird, bestimmt die Größe aller Quantenphänomene.

Einstein wies 1905 nach, dass Licht nicht nur im Sinne Plancks gequantelt ist, sondern tatsächlich als Energiepakete oder *Quanten* aufgefasst werden sollte, die sich wie Teilchen verhalten. Als Planck davon sprach, dass ein Schwarzer Körper Licht abstrahlt, meinte er in Wirklichkeit Lichtquanten – Photonen. Die Energie eines Photons ergibt sich aus der Lichtfrequenz multipliziert mit h. Schwärme von Photonen, die zusammenwirken, bilden eine Lichtwelle, und bei der Untersuchung von Wellen kann man die Eigenschaften der einzelnen Quanten vernachlässigen. Eine Lichtwelle wird durch Maxwells klassische Theorie des Elektromagnetismus beschrieben.

Ein Indiz dafür, dass eine Theorie quantenhaft ist, besteht darin, dass sie irgendwo h enthält. Wenn in einer Theorie h nicht vorkommt, ist sie eine klassische Theorie. In der Allgemeinen Relativitätstheorie wird man h nicht finden, egal wie sehr man danach sucht. Da es sich jedoch um eine klassische Theorie der Gravitation handelt, enthält jede ihrer Gleichungen die Newtonsche Gravitationskonstante G, die die Stärke der Schwerkraft bestimmt.[17]

Das zweite wichtige Merkmal der Quantenmechanik steckt in dem berühmten Ausdruck *Welle-Teilchen-Dualismus*. Genauso, wie sich Licht als Teilchen verhalten kann, können sich Teilchen wie Wellen verhalten. Jedem Teilchen sind Welleneigenschaften zugeordnet. Insbesondere hat es eine Wellenlänge,

---

17 Siehe Fußnote Seite 21

die von der Masse und der Geschwindigkeit des Teilchens abhängt – und von h. Man kann sich diese Wellenlänge als die Quantengröße des Teilchens vorstellen, seine Größe, wenn es sich wie eine Welle verhält. Bei subatomaren Teilchen wie Elektronen sind die Wellenlängen in der Regel sehr klein, etwa von der Größe eines Atomdurchmessers, und im Alltag nicht wahrnehmbar. In Systemen von atomarer Größe jedoch, wie in der modernen Elektronik, wird die Wellennatur der Materie extrem wichtig.

•

Mit diesen Konzepten können wir die Größenskalen verstehen, auf denen die Allgemeine Relativitätstheorie und die Quantenmechanik miteinander verbunden werden sollten: Es sind die Planck-Masse und die Planck-Zeit aus den vorangegangenen Kapiteln. Vielleicht ist Ihnen bekannt, dass jedes Maßsystem, ganz gleich ob metrisch, englisch oder irgendwas, auf drei grundlegenden Größen beruht: Masse, Länge und Zeit. Die Frage ist, wie man diese drei Grundgrößen am sinnvollsten auswählt.

Im 19. Jahrhundert vertrat der Physiker George J. Stoney die Ansicht, dass es besser sei, die Maßeinheiten auf natürlich vorkommende Größen wie die Ladung des Elektrons, die Lichtgeschwindigkeit c und die Gravitationskonstante G zu stützen als auf die Länge eines in Paris liegenden Metallstabs. Später hatte Max Planck denselben Gedanken und schlug vor, die Grundkonstanten G, h und c zur Grundlage eines Einheitensystems zu machen. Diese Einheiten heißen heute natürliche oder Planck-Einheiten. Mit ein wenig Geduld können Sie G, h

und c zu einer Länge (etwa 10^{-33} Zentimeter), einer Zeit (etwa 10^{-43} Sekunden) und einer Masse (etwa 10^{-5} Gramm) kombinieren.[18]

Die Planck-Länge und die Planck-Zeit sind natürlich unvorstellbar kleiner als alles, was Sie (oder die meisten Physiker) jemals in Betracht ziehen würden, während die Planck-Masse im Vergleich zur Masse subatomarer Teilchen unvorstellbar groß ist – groß genug, um mit einer modernen Waage gemessen zu werden. Multipliziert man die Planck-Masse mit c^2, so erhält man die Planck-Energie, die etwa 10^{15} Mal größer ist als die Energien, die man im Large Hadron Collider, dem leistungsfähigsten Teilchenbeschleuniger der Welt, erzeugen kann.

Was bedeuten diese bizarren Zahlen? Die Fundamentalkonstanten sind die wichtigsten Zahlen im Universum, da sie den Bereich aller Naturphänomene abstecken. G legt die Stärke der Gravitationskraft fest, während h bestimmt, wann Quanteneffekte von Bedeutung sind. Wenn c in einer Situation auftaucht, zeigt das, dass die Relativitätstheorie wichtig ist – etwas bewegt sich nahe der Lichtgeschwindigkeit.

Sie kennen ein Schwarzes Loch wahrscheinlich als ein Objekt, dessen Gravitationsfeld so stark ist, dass selbst Licht nicht entkommen kann; seine Größe ist durch seine Masse, G und c, gegeben, sonst nichts. Die Größe eines Schwarzen Lochs kann man sich als die Größenskala vorstellen, in der Gravitationseffekte extrem wichtig werden. Fragt man nach der Masse eines Teilchens, dessen Quantengröße – seine Wellenlänge – gleich seiner Gravitationsgröße ist, erhält man die Planck-

---

18 Die Planck-Masse ist gegeben durch $m_p = \sqrt{hc/G}$, die Planck-Länge durch $l_p = \sqrt{hG/c^3}$ und die Planck-Zeit durch $t_p = \sqrt{hG/c^5}$, wobei $h = h/2\pi$ ist.

Masse. Die Größe eines Schwarzen Lochs mit dieser Masse ist die Planck-Länge, und die Zeit, die das Licht benötigt, um es zu durchqueren, ist die Planck-Zeit.

Die Planck-Einheiten repräsentieren also die Längen, Zeiten und Energien, bei denen Quanteneffekte und Gravitationseffekte gleich wichtig sind. Auf diesen Größenskalen können wir weder die Schwerkraft noch die Quantenmechanik ignorieren und müssen eine Quantentheorie der Schwerkraft aufstellen, um das Universum zu beschreiben.

•

Warum ist es so schwierig, eine solche Theorie zu entwickeln? Im Wesentlichen liegt es daran, dass die Grundannahmen der Allgemeinen Relativitätstheorie und der Quantenmechanik so unterschiedlich sind. Die Quantenmechanik ignoriert die Schwerkraft und die Allgemeine Relativitätstheorie ignoriert die Quantenmechanik. Anders ausgedrückt: Quantentheorien gehen davon aus, dass die Raumzeit immer flach ist, wie in der Speziellen Relativitätstheorie. Die Allgemeine Relativitätstheorie geht davon aus, dass die Raumzeit gekrümmt sein kann, je nach ihrem Materiegehalt.

Dies stellt ein ernstes Problem dar, das zu außerordentlichen technischen Schwierigkeiten führt. In ihrer ursprünglichen Form war die Quantenmechanik, wie die Newtonsche Physik, eine Theorie von Teilchen. Und wie die Newtonsche Mechanik berücksichtigte sie die Spezielle Relativitätstheorie nicht. Die Zusammenführung der Quantenmechanik und der Speziellen Relativitätstheorie in einer *relativistischen Quantenmechanik* wurde in den späten 1920er-Jahren von Paul Dirac vollzogen.

Die relativistische Quantenmechanik beschäftigte sich jedoch weiterhin mit Teilchen – insbesondere mit Elektronen, die als Punktteilchen betrachtet wurden. Punkte haben per Definition die Ausdehnung null. Daraus ergibt sich eine schwerwiegende Schwierigkeit: Wenn sich zwei Punktelektronen berühren, wird die elektrische Kraft zwischen ihnen unendlich groß.[19] Ebenso wird die Feldenergie eines Punktelektrons unendlich, wenn man sich dem Elektron nähert, und damit auch seine Masse, die nach $E = mc^2$ die Energie des Feldes enthalten muss.

Die Bemühungen, dieses Dilemma zu lösen, führten zu Quantenfeldtheorien. Insbesondere die *Quantenelektrodynamik* ist eine solche Theorie. Sie erklärt, wie Elektronen mit Photonen wechselwirken. Die naive Hoffnung war, dass wir durch die Ausdehnung der Dinge zu Feldern niemals zu nahe an punktförmige Elektronen herankommen müssten und dass solche Unendlichkeiten – solche Singularitäten – verschwinden würden.

Etwas weniger vage ausgedrückt, werden in der Quantenfeldtheorie alle Wechselwirkungen durch den Austausch von Teilchen beschrieben – die elektromagnetische Kraft beruht in Wirklichkeit auf einem Austausch von Photonen. Solche Austauschteilchen nennt man *virtuell*. Man kann sie als Erscheinungsformen der in Kapitel 8 besprochenen Vakuumfluktuationen betrachten. Nach der Unschärferelation kann das

---

19 Die elektrische Kraft zwischen zwei Punktteilchen ähnelt dem Gravitationsgesetz (siehe Fußnote, Seite 21), nur dass die Massen durch die elektrischen Ladungen und G durch eine andere Konstante ersetzt werden. Wenn der Abstand r zwischen den beiden Teilchen gegen null geht, wird die Kraft unendlich.

Vakuum, da seine Energie schwankt und nie genau null ist, spontan Teilchen erzeugen, solange sie nicht länger leben, als es die Unschärferelation zulässt; deshalb werden sie als virtuell bezeichnet. Die Erwartung war, dass eine Wolke virtueller Teilchen, mit der man das punktförmige Elektron umgibt, die Singularitäten entschärfen würde.

Vergebliche Hoffnung. Die Situation verschlimmerte sich, und überall tauchten neue Unendlichkeiten auf. Mathematische Methoden, die als *Renormierung* bekannt sind, wurden erfunden, um die Theorie von den Singularitäten zu befreien und zu eindeutigen Antworten zu kommen – die auf wundersame Weise mit den Experimenten so genau übereinstimmen, dass die Quantenelektrodynamik oft als die am genauesten getestete Theorie aller Zeiten bezeichnet wird.

Ursprünglich verstand niemand, warum die Renormierung funktionierte. Selbst einer ihrer Erfinder, Richard Feynman, bezeichnete sie als «Hokuspokus». Heutzutage steht das Verfahren auf einer solideren mathematischen Grundlage, aber in jedem Fall wird die Renormierung immer noch als unabdingbar für eine brauchbare Feldtheorie angesehen; wenn eine Theorie nicht renormiert werden kann, um vernünftige Antworten zu geben, wird sie verworfen.

Leider bleiben bei den üblichen Versuchen, die Gravitation zu quantisieren, nicht nur die Unendlichkeiten bestehen, sondern auch der Renormierungsprozess scheitert und die Theorie kann keine vernünftigen Ergebnisse liefern.

●

Diese schwerwiegende Schwierigkeit hat zu einer Fülle von Ansätzen zur Entwicklung einer vollständigen Theorie der Quantengravitation geführt. Im einfachsten Ansatz wird die Schwerkraft klassisch durch die Allgemeine Relativitätstheorie beschrieben, während alle anderen Felder des Problems, wie z. B. Licht, mit den Methoden der Quantenfeldtheorie behandelt werden. Physiker bezeichnen einen solchen Ansatz als «semi-klassisch», was eine höfliche Umschreibung für eine «Bastard-technik» ist. Nichtsdestotrotz kann man davon ausgehen, dass er Früchte trägt, wenn die Gravitationsfelder des Problems nicht *zu* stark sind – etwa in der Nähe von ausreichend großen Schwarzen Löchern. (Je größer das Schwarze Loch ist, desto schwächer ist sein Feld.) Der semiklassische Ansatz führte zum berühmtesten Triumph der Quantengravitation: Stephen Hawking folgte diesem Weg und machte 1974 eine gefeierte Entdeckung: Schwarze Löcher sind nicht völlig schwarz, sondern strahlen Energie ab, genau wie Schwarze Körper.

Weil sie so schwach ist, wurde die Strahlung Schwarzer Löcher bisher nicht direkt beobachtet. Die Tatsache, dass die Temperatur eines Schwarzen Lochs mit der Masse einer Sonnenmasse etwa ein Zehnmillionstel Grad beträgt und die Temperatur größerer Schwarzer Löcher noch geringer ist, gibt eine Vorstellung von der Schwäche der Strahlung. Weil Hawkings Berechnungen zeigten, dass die Strahlung genau die eines Schwarzen Körpers sein sollte, konnten die meisten Physiker dieses erstaunliche Ergebnis sofort akzeptieren.

Wenn Schwarze Löcher Energie abstrahlen, müssen sie an Masse verlieren. In dem Maße, in dem sie an Masse verlieren, steigt ihre Temperatur; sie strahlen schneller Energie ab und verlieren dadurch noch schneller an Masse. Dieser unkontrollierbare Effekt veranlasste Hawking zu der Vorhersage, dass Schwarze Löcher ihr Leben schließlich in spektakulären Explosionen beenden würden. Seine Rechenmethode geht jedoch davon aus, dass das Gravitationsfeld und damit die Masse des Schwarzen Lochs nicht abnimmt. Solche Vorhersagen müssen daher als etwas spekulativ betrachtet werden. In der Tat sollte der Verdampfungsprozess eine Rückkopplung auf das Schwarze Loch ausüben, die eine weitere Verdampfung verlangsamt; zumindest einer von Hawkings Kollegen will sogar nachgewiesen haben, dass die Rückkopplung die Verdampfung stoppt, lange bevor es zu einer Explosion kommt.

Dieses Ergebnis könnte sich als falsch erweisen, aber das Beispiel zeigt, wie kompliziert die Fragen sind und wie weit wir von einer vollständigen Theorie der Quantengravitation entfernt sind. Es ist klar, dass Hawkings Ansatz nicht auf den Kosmos zur Planck-Zeit anwendbar ist.

•

Was könnte denn dann zur Planck-Zeit anwendbar sein?

Der bekannteste Ansatz zur Lösung dieses Problem ist die *Stringtheorie*, die den Rahmen dieses kleinen Buches sprengen würde. Die Stringtheorie versucht, eine einheitliche Feldtheorie zu sein, oder das, was man im Volksmund eine *Theorie von Allem* nennt – eine Theorie, die nicht nur die elektromagnetischen und die Kernkräfte vereint (so wie die GUTs), sondern auch die Gravitation einschließt. Die Stringtheorie ist eine Quantenfeldtheorie, aber eine, bei der die grundlegenden Bausteine keine Punktteilchen sind, sondern winzige Fäden (Strings), deren Länge ungefähr der Planck-Länge entspricht.

Auch hier könnte das Verschmieren von Punkten zu winzigen Fäden die Unendlichkeiten beseitigen. Die Strings können entweder offene Enden haben, die herumflattern, oder zu Schleifen geschlossen sein. Gewöhnliche Teilchen werden als Obertöne von Stringschwingungen betrachtet, so wie eine Geigensaite (oder eine Orgelpfeife) Obertöne erzeugt.

Ein wesentlicher Unterschied zwischen den Fäden der Stringtheorie und gewöhnlichen Fäden besteht darin, dass gewöhnliche Strings in unserem Universum mit vier Raumzeitdimensionen (eine für die Zeit und drei für den Raum) beheimatet sind, während in einer Version der Stringtheorie die Strings in Universen mit zehn Raumzeitdimensionen (eine für die Zeit und neun für den Raum) leben. Man nimmt an, dass die zusätzlichen sechs Raumdimensionen wie zu einem Schlauch aufgerollt sind, dessen Dicke mit der Planck-Länge vergleichbar ist. Diese ist so klein, dass wir die aufgerollten Dimensionen nicht bemerken.

Die Stringtheorie hat eine Reihe von mathematischen Erfolgen vorzuweisen. Der spektakulärste ist, dass Theoretiker mit ihrer Hilfe die berühmte Entropie der Schwarzen Löcher hergeleitet haben, die von Jacob Bekenstein vorgeschlagen und von Hawking präzisiert wurde. (Ich werde nicht weiter über die Entropie Schwarzer Löcher sprechen, aber das Ergebnis ist berühmt und steht in engem Zusammenhang mit der Idee, dass Schwarze Löcher eine Temperatur haben). Die Stringtheorie sagt auch das Teilchen voraus, das die Gravitationskraft austauscht – das *Graviton*, über das ich in Kürze etwas mehr sagen werde.

Das Auftauchen der Planck-Länge in der Stringtheorie sagt uns sofort, dass sich diese Theorie zur Beschreibung des extrem frühen Universums eignen sollte. Das ist in der Tat eine große Schwierigkeit, denn bisher hat die Stringtheorie nur sehr wenig Kontakt zu anderen Bereichen der Physik. Insbesondere gibt es kein erdgebundenes Experiment, das sie bestätigen könnte. Darüber hinaus basiert die zehndimensionale Version auf einem aus der Teilchenphysik bekannten Konzept, der sogenannten *Supersymmetrie,* die Materieteilchen (wie Protonen) und Kraft- bzw. Überträgerteilchen (wie Photonen) zu einer größeren Gruppe vereint. Es gibt nicht nur keine experimentellen Beweise für die Supersymmetrie, sondern die Ergebnisse des Large Hadron Colliders haben die einfachsten Versionen offenbar so gut wie ausgeschlossen.

Außerdem bestand der ursprüngliche Reiz der Superstringtheorie darin, dass nur eine Version der Theorie mathematisch konsistent zu sein schien. Heutzutage wird jedoch eingeräumt, dass es 10^{500} verschiedene Versionen geben kann, eine ziemlich ausufernde Anzahl von Möglichkeiten, die als *Stringtheorie-Landschaft* bekannt ist. Die Landschaft sollte Sie an das Multiversum aus Kapitel 12 erinnern. Man kann getrost davon ausgehen, dass jede Theorie, die 10^{500} Universen hervorbringt, gar nichts vorhergesagt. Dies ist ein ernstes Problem.

•

Ein weiterer Angang in Richtung Quantengravitation, der nicht ganz so bekannt ist wie die Stringtheorie, ist die Schleifenquantengravitation. Sie will keine Theorie von Allem sein, sondern beschränkt sich auf die Quantisierung der Gravitation. Sie hat insofern eine gewisse Ähnlichkeit mit der Stringtheorie, als ihre grundlegenden Einheiten geschlossene Strings sind

(Schleifen), etwa von der Größe der Planck-Länge, allerdings vierdimensional. Man kann sie sogar so betrachten, dass sie nicht *in* der Raumzeit existieren, sondern die Grundbausteine der Raumzeit selbst darstellen. Berechnungen der Schleifenquantengravitation haben auch die Bekenstein-Hawking-Entropie von Schwarzen Löchern herausbekommen.

In der Schleifenquantengravitation ergibt es einfach keinen Sinn, über Längen kleiner als die Planck-Länge und Zeiten kürzer als die Planck-Zeit zu sprechen; Raum und Zeit selbst sind quantisiert. Es ist vielleicht hilfreich, sich die Raumzeit als ein flexibles Gitter vorzustellen, dessen biegsame Streben die Maße von Planck-Länge und -Zeit haben. Genauer gesagt, ähnelt sie wahrscheinlich dem, was lange vor dem Aufkommen der Schleifenquantengravitation populär als *Quantenschaum* bezeichnet wurde.

Den dritten wichtigen Aspekt, in dem sich die Quantenmechanik von der Newtonschen Physik unterscheidet und der mit der Unschärferelation Hand in Hand geht, habe ich bisher nicht besonders betont. Die Quantenmechanik ist eine *probabilistische* Theorie. Im Gegensatz zur Newtonschen Mechanik, die uns genau sagt, wo sich ein Teilchen in der Zukunft befinden wird, wenn wir seine gegenwärtige Position und Geschwindigkeit kennen, gibt die Quantenmechanik nur die Wahrscheinlichkeit an, dass es sich zu einem bestimmten Zeitpunkt an einem bestimmten Ort befinden wird.

Es kann also sein, dass in der Planck-Ära nichts so Definierbares wie «ein Zentimeter» oder «eine Sekunde» existiert. Quantenschaum wird eine probabilistische Beschreibung erfordern, die sich erst mit dem Ende der Planck-Ära in unserem Universum «kristallisiert».

Wie würde eine Quantentheorie der Schwerkraft die Singularität vermeiden? Quantenfluktuationen erzeugen einen Druck, der ähnlich wie die abstoßende Kraft der kosmologischen Konstante wirkt. Wenn er groß genug ist, kann er das Universum während der Planck-Epoche zum Rückprall bringen. Die genauen Ergebnisse hängen von dem jeweils betrachteten Modell ab, von denen es zu viele gibt, um sie alle aufzuzählen. Die Schleifenquantengravitation behauptet, dies leisten zu können, aber keine Theorie der Quantengravitation hat das Problem der kosmologischen Konstante gelöst – warum die kosmologische Konstante heute so klein ist, wie sie ist.

Eines ist so gut wie sicher: Um unseren konventionellen Feldtheorien zu ähneln, in denen Kräfte durch Teilchen übertragen werden, sollte jede Theorie der Quantengravitation die Existenz eines Gravitons vorhersagen, das die Gravitationskraft übertragen würde. Die Stringtheorie tut dies. Obwohl Gravitationswellen nachgewiesen wurden, sind einzelne Gravitonen nicht nachgewiesen worden und werden es höchstwahrscheinlich auch nie werden. Wenn Neutrinos so selten mit gewöhnlicher Materie wechselwirken, dass ein Neutrino Lichtjahre von Blei durchqueren kann, bevor es auf etwas trifft, dann würde ein Graviton noch etwa zwanzig Größenordnungen seltener mit Materie wechselwirken, was einen direkten Nachweis von Gravitonen fast undenkbar macht.

Dies wirft die Frage auf, wie man eine Quantentheorie der Gravitation experimentell überprüfen könnte. In der Physik gibt es aber auch die Meinung, dass nicht jede Facette einer Theorie experimentell überprüft werden muss. Man könnte virtuelle Teilchen als ein mentales oder mathematisches Konstrukt betrachten, das uns hilft, die Funktionsweise einer Feldtheorie zu veranschaulichen, obwohl sie nicht direkt nachweisbar sind. Wichtig ist, dass sie Phänomene vorhersagen, die direkt nachweisbar sind und die Theorien untermauern. Sagt eine Theorie hingegen nichts voraus, was direkt nachweisbar ist, dann spricht nur die mathematische Konsistenz für sie. Da sich die Theorien und Modelle des frühen Universums immer weiter vom Bereich der Erfahrung entfernen, argumentieren einige Physikerinnen und Physiker, dass das traditionelle Kriterium für die Akzeptanz einer Theorie – dass sie falsifizierbar ist, also sich als falsch erweisen kann – nicht mehr haltbar sei. Vielmehr sollten wir bereit sein, eine Theorie auf der Grundlage von «Metakriterien» zu akzeptieren, wie z. B. der Wahrscheinlichkeit, dass sie richtig ist (falls eine solche Wahrscheinlichkeit überhaupt etwas bedeutet), oder sogar aufgrund ihrer ästhetischen Vorzüge. Sicherlich war die mathematische Schönheit lange Zeit eine treibende Kraft bei der Schaffung und Akzeptanz von Theorien, aber Vorschläge, die sich auf diese schwer fassbare Eigenschaft stützen, haben sich ebenso oft als falsch wie als richtig erwiesen.

Der Stil und die Soziologie der theoretischen Physik haben sich in den letzten Jahrzehnten so dramatisch verändert, dass sich unweigerlich die Frage stellt: Sind die Kosmologen dazu übergegangen, Engel auf Nadelspitzen zu zählen? Unweigerlich kommt einem auch das jiddische Sprichwort in den Sinn: «Der Mensch denkt, und Gott lacht.»

Sind wir in eine Ära postempirischer Wissenschaft eingetreten? Ist postempirische Wissenschaft ein Widerspruch in sich?

Kapitel 15
Multiversen und Metaphysik

Sie haben mit Ihrer Frage nach dem Multiversum geduldig gewartet. Ich auch.

Schließlich wäre kein Kosmologie-Vortrag ohne das Auftauchen dieser Frage vollständig. Was die Antwort angeht, so gibt es keine bessere als die, die James Peebles, Amerikas großer alter Mann der Kosmologie, nach einem Vortrag in Harvard 2020 gegeben hat. Ob er an Multiversen glaube?

Nein.

Ende der Debatte.

So auch in diesem Buch. Presse und Öffentlichkeit sind in der Regel von extremen Spekulationen fasziniert, und die tagtäglich damit befassten Kosmologen scheren sich in der Regel nicht übermäßig darum. Nichtsdestotrotz steht das Multiversum seit mehr als einem Jahrzehnt im Rampenlicht, und der Reiz, über solche Dinge nachzudenken, ist ein Grund dafür, dass junge Menschen Kosmologen werden. Wie bereits in Kapitel 12 und Kapitel 14 erwähnt, erfordern das Inflationsmodell und die Stringtheorie offensichtlich ein Multiversum.

Aber was genau ist ein solches hydraköpfiges Universum? «Genau» hat in der Frage und in der Antwort eigentlich nichts zu suchen. Bis zu einem gewissen Grad ist es eine Frage der Semantik. Wenn «Universum» per Definition «alles» bedeutet, dann gibt es kein Multiversum. Was in der modernen Kosmologie üblicherweise mit «Multiversum» gemeint ist, ist ein Ensemble von «Subuniversen» mit sehr unterschiedlichen Eigenschaften. Einige mögen flach sein, die meisten werden gekrümmt sein. In einigen werden die fundamentalen Naturkonstanten genau oder nahe bei den Werten liegen, die wir messen. In anderen werden sie sich um Größenordnungen unterscheiden. In einigen wird es Galaxien geben, in anderen nicht. Wir leben in einem von ihnen.[20]

Das Multiversum ist der Inbegriff einer «post-empirischen» Wissenschaft – es scheint keine Möglichkeit zu geben, das Multiversumskonzept mit den traditionellen wissenschaftlichen Methoden, die in der Einleitung skizziert wurden, zu überprüfen. Es gibt zwar einige Vorschläge, aber keiner wurde ernsthaft verfolgt. Kosmologen suchen nach dunkler Materie, weil es dafür indirekte Beobachtungsbelege gibt, aber sie suchen nicht nach dem Multiversum, weil es dafür keinerlei Indizien gibt. In seiner Antwort auf die Frage nach dem Vortrag bekannte sich Peebles zu dieser Position.

Wenn wir nachsichtig sind, könnten wir fragen, warum wir in diesem besonderen Universum leben, in dem wir leben.

---

20 Es gibt noch eine andere Art von Multiversum, das mit der Quantenmechanik zusammenhängt. Die Quantenmechanik prognostiziert keine Messergebnisse, sondern lediglich die Wahrscheinlichkeit eines Ergebnisses. Manche Physiker sind überzeugt, dass sich das Universum bei jeder Messung aufteilt, sodass alle möglichen Messergebnisse realisiert werden, aber in unterschiedlichen Universen. Diese Auffassung ist als «Vielweltentheorie der Quantenmechanik» bekannt.

Genauer gefragt: Warum ist unser Universum nach unseren Beobachtungen etwa zehn Milliarden Jahre alt?

Dies ist die grundlegende *anthropische* Frage. Die Antwort von Robert Dicke ist berühmt: «Das Universum muss so alt sein, damit es noch andere Elemente als Wasserstoff gibt, denn bekanntlich braucht man Kohlenstoff, um Physiker zu machen.» Mit anderen Worten: Wäre das Universum nicht mindestens einige Milliarden Jahre alt, könnten wir es nicht beobachten. Ganz allgemein besagt das *anthropische Prinzip*, dass das Universum, wie wir es beobachten, so beschaffen sein muss, damit es Leben ermöglicht. Ein Universum, das kein Leben hervorgebracht hat, würde auch keine Beobachter hervorbringen. Dem anthropischen Prinzip zufolge wählt die Existenz von Leben unseren speziellen Kosmos aus dem Multiversum aus.

•

Als die anthropischen Argumente in den 1970er-Jahren populär wurden, reichten die Reaktionen von Skepsis bis hin zu Verachtung. Viele Physiker taten sie als tautologisch ab; *offensichtlich* ist unser Universum so beschaffen, dass es mit Leben vereinbar ist. Eine Analogie, die Dicke und Peebles aufstellten, lässt sie jedoch weniger trivial erscheinen. Geladene und ungeladene Pistolen werden nach dem Zufallsprinzip an eine Gruppe von Kosmologen verteilt, die paarweise russisches Roulette spielen. Hinterher taucht ein brillanter Statistiker auf und stellt durch exakte Analyse eine hohe Wahrscheinlichkeit dafür fest, dass jeder überlebende Kosmologe eine ungeladene Pistole in der Hand hat.

Nun könnte man verächtlich ausrufen: «Na klar!» Dieser

Aufschrei ist jedoch zugleich ein Eingeständnis, dass die Situation einer sinnvollen nachträglichen Analyse zugänglich ist. Der Haupteinwand gegen das anthropische Prinzip war immer, dass es nichts vorhersagen kann und daher an der grundlegenden Anforderung einer physikalischen Theorie scheitert. Das Massen-Russisch-Roulette zieht diesen Einwand ein wenig in Zweifel; das Ergebnis *hätte* vorhergesagt werden können. Beim Roulettespiel mit Universen kann man freilich vor dem Spiel nicht wissen, ob ein bestimmtes Universum geladen ist.

Eine berühmte Geschichte aus dem anthropischen Schatzkästlein besagt jedoch, dass der Astronom Fred Hoyle 1953 eine anthropische Überlegung anstellte, um vorherzusagen, dass es in der Sonne eine bestimmte Kernreaktion geben *muss*, damit genügend Kohlenstoff produziert werden kann, um Leben zu ermöglichen. In seinen damaligen Veröffentlichungen erwähnt er jedoch nirgends anthropische Überlegungen, und die Geschichte ist wohl eine nachträgliche Erfindung.

Anders verhält es sich mit dem amerikanischen Geologen Thomas Chamberlin. Im 19. Jahrhundert tobte eine große Debatte zwischen Physikern auf der einen sowie Geologen und Biologen auf der anderen Seite über das Alter der Erde. Für Darwin brauchte es unzählige Äonen, damit sich die Arten entwickeln konnten, aber die Physiker mit Lord Kelvin an der Spitze glaubten nicht, dass die Sonne lange genug existiert haben könnte, um durch irgendeinen bekannten Mechanismus die Erde mit Energie zu versorgen. Chamberlin brachte dagegen 1899 vor, Kelvins Argumente bewiesen lediglich, dass die Sonne mithilfe einer unbekannten, in den Atomen verborgenen Energiequelle brannte. Wie sich herausstellte, hatten die Darwinisten und Chamberlin recht und die Physiker unrecht. Möglicherweise hat Chamberlins Argumentation zur Entdeckung von Kernreaktionen in der Sonne beigetragen.

•

In den letzten Jahrzehnten hat man anthropische Argumente bemüht, um zahlreiche Eigenschaften unseres Universums zu erklären, wenn auch nur im Nachhinein. Am relevantesten für unsere Zwecke sind die Argumente zur Erklärung der Größe der Fingerabdrücke Gottes und der kosmologischen Konstante. Wir haben gesehen, dass die Größe der Schwankungen im Mikrowellenhintergrund etwa 1 Teil in 10^5 betragen. Wären sie viel größer, wäre die Materie im Universum zu Schwarzen Löchern kollabiert. Wären sie viel kleiner, hätte sich die Materie nicht zu Galaxien und Sternen verbunden. In keinem der beiden Fälle wären in einem solchen Universum Beobachter entstanden.

Ebenso bei der kosmologischen Konstante: Da sie die Expansion des Universums beschleunigt, hindert sie die Materie daran, zu Galaxien zu verschmelzen. Wäre die Konstante größer als der Materiegehalt des Universums während der Epoche der Galaxienbildung, als das beobachtbare Universum etwa ein Fünftel seiner heutigen Größe hatte, hätten sich keine Galaxien bilden können. Die Materiedichte war damals etwa 125 Mal größer als heute, sodass die kosmologische Konstante vermutlich nicht mehr als ein oder zwei Größenordnungen größer gewesen sein kann als heute.

Ein Haupteinwand gegen anthropische Argumente war immer, dass sie selten eine Antwort liefern, die mehr als größenordnungsmäßig stimmt. Das ist korrekt. Andererseits ist die Begrenzung der kosmologischen Konstante auf einen Faktor von etwa zehn über ihrem heutigen Wert eine erhebliche Verbesserung gegenüber den 120 Größenordnungen, die auf den quantenmechanischen Berechnungen in Kapitel 8 basieren.

Viele Physikerinnen und Physiker, selbst diejenigen, die sie vorschlagen, betrachten anthropische Argumente als einen Akt der Verzweiflung. Sie mögen unvermeidlich sein in einem Zeitalter, in dem unsere quantitativen Theorien so spekulativ geworden sind; es ist aber falsch zu glauben, dass eine Theorie voller komplizierter Gleichungen notwendigerweise irgendetwas bedeutet. Man sollte auch bedenken, dass das anthropische Prinzip ein *Prinzip* und kein Naturgesetz ist. Im Laufe der Geschichte der Physik wurden viele Prinzipien herangezogen, um unser Denken zu erfolgreichen Theorien zu führen; einige haben sich als nützlicher erwiesen als andere. Das kosmologische Prinzip hat sich als sehr erfolgreich erwiesen, auch wenn es offensichtlich nicht ganz richtig war. Aber wie prüft man das Prinzip der Schönheit? Die Idee der Schönheit in der Physik ist oft in der Idee der mathematischen Symmetrie verkörpert – dass Systeme regelmäßige Muster aufweisen – und auch wenn sich die Umsetzung von Symmetriekonzepten in der Teilchenphysik als sehr erfolgreich erwiesen hat, könnte sich ihre Nützlichkeit inzwischen erschöpft haben. Wie in Kapitel 14 erwähnt, hat der Large Hadron Collider keine Beweise für eine Supersymmetrie gefunden.

Das berühmte *Prinzip der kleinsten Wirkung* ist unter Physikern allgemein anerkannt. Es beruht auf der einfachen Idee, dass der kürzeste Abstand zwischen zwei beliebigen Punkten eine Gerade ist und dass beispielsweise Licht dazu neigt, sich entlang dieser Geraden zu bewegen. Das Prinzip besagt, dass man die Gleichungen einer bestimmten Theorie erhalten kann, indem man eine Größe minimiert, die als *Wirkung* bekannt ist und mit der Energie eines Systems in Zusammenhang steht. Historisch gesehen hat das Prinzip der kleinsten Wirkung die Physik revolutioniert und den Weg vorgezeichnet, auf dem *alle* modernen Theorien entstehen. Statt die richtigen Gleichungen aus der Erfahrung abzuleiten, postuliert man eine Wirkung und minimiert sie, um die Gleichungen der Theorie aufzustellen. Einstein betrachtete seine Allgemeine Relativitätstheorie erst dann als vollständig, als er die Feldgleichungen aus einer Wirkung ableiten konnte.[21] Auch am Anfang der Theorien der Quantengravitation steht das Postulat einer Wirkung. Es ist jedoch bekannt, dass das Prinzip der kleinsten Wirkung manchmal die falsche Antwort liefert. Wenn wir lediglich eine Wirkung für eine völlig neue Theorie postulieren, woher wissen wir dann, dass wir die richtigen Gleichungen aufgestellt haben? Vor allem, wenn wir die Ergebnisse nicht experimentell überprüfen können?

•

In einem Spektrum, das vom Prinzip der Schönheit bis zum Prinzip der kleinsten Wirkung reicht, liegt das anthropische Prinzip vielleicht näher an der Schönheit. Außerdem habe ich die sogenannte *schwache* Version des anthropischen Prinzips erörtert, die, wenn nicht tautologisch, so zumindest doch nicht

---

21 Der Mathematiker David Hilbert schlug Einstein in diesem Rennen um fünf Tage.

unvernünftig erscheint. Wie in Dickes ursprünglicher Frage wird hier lediglich gefragt, warum ein bestimmter Aspekt des Universums – sein Alter – so ist, wie er beobachtet wird. Sie geht davon aus, dass die bekannten Naturgesetze so sind, wie sie sind. Stärkere Versionen des anthropischen Prinzips behaupten, dass die Naturgesetze so sein *müssen*, wie sie sind. Insbesondere, dass die fundamentalen Naturkonstanten, wie G und h, die gemessenen Werte haben müssen; andernfalls könnte das Universum, wie wir es kennen, nicht existieren. Wären die Konstanten beispielsweise ganz anders, als sie tatsächlich sind, würden sich keine Sterne bilden und somit vermutlich auch kein Leben existieren.

Physikern fällt es schwerer, das starke anthropische Prinzip zu akzeptieren, weil es Anklänge an die Design-Ideologie enthält – das große Uhrwerk des Universums muss die Existenz eines Uhrmachers voraussetzen. Die stärkste Version des anthropischen Prinzips, das *partizipatorische* anthropische Prinzip, fordert sogar, dass das Universum irgendwann Leben hervorbringen muss. Physiker lehnen solche Ideen in der Regel ab, weil sie den Beigeschmack von Teleologie haben – des Glaubens, dass Dinge aufgrund eines letzten Zwecks geschehen, dem sie dienen. Die Wissenschaft hat sich seit Aristoteles in die entgegengesetzte Richtung bewegt – weg von der teleologischen Argumentation.

•

Derzeit ist unklar, wie man lebensfähige Universen aus dem Multiversum oder der Stringtheorie-Landschaft auswählen kann, ohne das anthropische Prinzip heranzuziehen. Der derzeitige Stand der Dinge ist zweifellos auf das Fehlen von Experimenten oder Beobachtungen zurückzuführen, die die Fantasie der Theoretiker einschränken. Selbst wenn wir das Glück haben, zu einer fortgeschrittenen Zivilisation zu werden, wird es ein weiter Weg sein, Universen im Labor zu erschaffen, um das Multiversum und das anthropische Prinzip zu testen.

Wahrscheinlich werden wir nie vollständig verstehen, was zur Planck-Zeit oder vor dem Urknall geschah, es sei denn, die neueren Rückprall-Kosmologien erlauben uns einen Blick in diese Epoche. Wenn unsere Theorien am Ende keinen nahtlosen Übergang zu dem bieten, was allgemein beobachtbar ist, sind wir vielleicht tatsächlich gezwungen, uns auf mathematische Konsistenz und vage Vorstellungen von Wahrscheinlichkeit und Schönheit zu verlassen, um sie einzugrenzen.

Ebenso unwahrscheinlich ist es, dass Physiker jemals eine Theorie von Allem schaffen werden. Der Begriff sollte nicht zu ernst genommen werden. Selbst diejenigen, die versuchen, eine solche Theorie zu entwickeln, würden nicht behaupten, dass sie erklären könnten, warum sich Menschen verlieben. Doch auch bei dem begrenzten Ziel, die vier Kräfte der Natur zu vereinen, ist kaum klar, welchen Nutzen das hätte. Auf dem Weg zu einer Theorie von Allem wurden viele Erkenntnisse gewonnen, aber viele Wissenschaftlerinnen und Wissenschaftler halten das Unterfangen für prinzipiell fehlgeleitet.

Die erfolgreichsten Theorien sind solche mit begrenztem Anwendungsbereich. Um die Bahnen der Planeten zu berechnen, muss man nicht wissen, was sich in den frühesten Momenten des Universums abgespielt hat. Die vielleicht größte Errungenschaft der Wissenschaft ist, dass man etwas erklären kann, ohne gleich alles zu erklären. Und es steht außer Frage, dass eine Theorie von Allem unvollständig bleiben würde. Eine zehndimensionale Stringtheorie, selbst wenn sie zweifelsfrei akzeptiert würde, ließe die Frage offen, warum es zehn Dimensionen gibt. Keine Theorie erklärt sich selbst vollständig. Ganz gleich, ob es sich um die Naturkonstanten selbst oder um Annahmen über die Entstehung des Universums handelt, es bleibt immer etwas übrig, das von Hand eingefügt werden muss. Die meisten Kosmologen würden zugeben, dass sie nicht Kosmologie studieren, um die letzten Rätsel der Natur zu lösen, sondern um ihnen näher zu kommen. Seien Sie also beruhigt und unbesorgt: Auch künftige Generationen von Kosmologen werden sich weiterhin fragen ...

Warum gibt es überhaupt etwas und nicht vielmehr nichts?

Weiterführende Literatur

Die Informationen in diesem Buch stammen weitgehend aus Fachartikeln und Seminaren, die nicht naturwissenschaftlich vorgebildeten Leserinnen und Lesern nicht weiterhelfen. Die im Folgenden aufgelisteten Bücher und Artikel, die alle von angesehenen Physikerinnen und Physikern stammen, sind für ein breites Publikum geschrieben, wenn auch vielleicht auf einem etwas höheren Niveau als dieses Buch.

1. Über die experimentelle Basis der Allgemeinen Relativitätstheorie, ein Update:
>Clifford Will und Nicolás Yunes, *Is Einstein Still Right?* (Oxford University Press, 2020).

2. Über die Urknall-Nukleosynthese, das klassische populäre Sachbuch:
>Steven Weinberg, *The First Three Minutes: A Modern View of the Origin of the Universe* (Basic Books, 1977) (deutsch: *Die ersten drei Minuten. Der Ursprung des Universums,* dtv, 1987).

3. Über moderne Kosmologie, ein Buch, in dem auch einige der spekulativen Themen behandelt werden:
>Martin Rees, *Before the Beginning: Our Universe and Others* (Helix Books, 1997) (deutsch: *Vor dem Anfang. Eine Geschichte des Universums,* Fischer, 2015).

4. Über Beobachtungen der CMBR, ein aktuelles Buch:

Lyman Page, *The Little Book on Cosmology* (Princeton University Press, 2020).

5. Über die Inflation, von einem intimen Kenner der Materie:

Alan H. Guth, *The Inflationary Universe: The Quest for a New Theory of Cosmic Origins* (Basic Books, 1999) (deutsch: *Die Geburt des Kosmos aus dem Nichts. Die Theorie des inflationären Universums*, Droemer-Knaur, 2002).

6. Über Inflation (und Strings), Roger Penroses Einwände:

Roger Penrose, *Fashion, Faith and Fantasy in the New Physics of the Universe* (Princeton University Press, 2016).

7. Über Strings, eine verständliche Einführung:

Steven S. Gubser, *The Little Book of String Theory* (Princeton University Press, 2010).

8. Über die Erforschung der Quantengravitation (eine persönliche Sicht):

Lee Smolin, *Three Roads to Quantum Gravity* (Basic Books, 2001) (deutsch: *Die Zukunft der Physik: Probleme der String-Theorie und wie es weitergeht,* DVA, 2009).

9. Über das anthropische Prinzip (praktisch alles zum Thema):

John D. Barrow und Frank J. Tipler, *The Anthropic Cosmological Principle* (Oxford University Press, 1986).

10. Über die Inflationsdebatte und die Rückprallkosmologien:

Anna Ijjas, Paul Steinhardt und Abraham Loeb, «Pop Goes the Universe», *Scientific American*, Januar 2017.

Paul Steinhardt, «The Inflation Debate», *Scientific American*, April 2011.

11. Über die Suche nach der dunklen Materie:

Joshua Sokol, «Elena Aprile's Drive to Find Dark Matter», *Quanta*, 20. Dezember 2016.

Daniel Bauer, «Searching for Dark Matter», *American Scientist*, September – Oktober 2018.

12. Über Gravitationswellen und das Machsche Prinzip:

Tony Rothman, «The Secret History of Gravitational Waves», *American Scientist*, März – April 2018.

Tony Rothman, «The Forgotten Mystery of Inertia», *American Scientist*, November – Dezember 2017.

Danksagung

Mein herzlicher Dank gilt Stephen Boughn und Patti Wieser für das kritische Lesen dieses Buches. Dank auch den anonymen Gutachtern für ihre hilfreichen Anmerkungen und Vorschläge. Natürlich fallen alle verbliebenen Fehler oder Ungenauigkeiten in meine Verantwortung.

Register